Kein Stein
la teoría

Doctor Bruno Leclercq

Doctor Bruno Leclercq

Copyright © 2016 Bruno P. H. Leclercq

All rights reserved.

ISBN:15394104412
ISBN-13:97815394104416

Doctor Bruno Leclercq

DEDICATORIA

Este texto lo decido a lo que sea que empuja el universo a buscar el porqué y el para qué, o sea el programa de la evolución.
Supongo que es lo mismo 'lo que sea' que nunca dejó de empujarme.
A menos que todo esté aleatorio.

Doctor Bruno Leclercq

Preámbulo

Esa es la Historia de un Universo que podría ser el nuestro

Desde antes de su Creación hasta el fin de su evolución,

El fin de los Tiempos.

Esta historia no la teníamos proyectada

Creció sola por el análisis de los hechos expuestos por la Ciencia y por algún impulso interno que no nos soltó jamás.

Creación del Universo

La Ciencia se burla de Génesis pero no la supera en cuanto a los sujetos esenciales: no ofrece más que postulado tras postulados.

Todo empezaría con una explosión. El Espacio y luego la materia siendo liberados de un espacio teórico, una 'singularidad' en la cual estaban acumulados.

El Espacio sería una substancia, algún tipo de espuma tal vez.

Los fotones, la luz, hubieran aparecido... ¿de dónde o creados de que manera?

La materia hubiera aparecido... mismas preguntas... y luego los pedacitos de materia se hubieran aglutinados por el acción de la atracción universal... que no se sabe cómo actúa, el último gran misterio, admiten.

La electricidad tendría dos formas, positiva y negativa, reaccionando entre sí, sin que se sepa por qué milagro. Otro gran secreto: la ciencia conoce los efectos pero nada sobre los mecanismos.

El magnetismo también tiene dos efectos, dos polos, Norte y Sur, que reaccionan entre sí y con la electricidad sin que se describa el cómo. Mismo comentario.

El tiempo interviene sobre el curso de los eventos.

Einstein describió bastante bien la mayoría de sus efectos, pero sin indicación alguna del proceso.

El Universo estaría en expansión.

Hay evolución, el contenido del Universo cambia al pasar el tiempo y formas siempre más complejas aparecen llegando al final a la mente humana, una computadora de carne, un Creador biológico.

¿tiene la evolución algún propósito, alguna meta? ¿Es ruta de una vía?

Al final todo este conjunto, esta descripción, no es muy distinta de lo que afirma Génesis.

Pero con nada más que el rechazo de dos postulados mayores todo se ilumina.

- Postulado primero: el universo es infinito y en expansión.
- Postulado segundo: hay objetos concretos que se mueven.

Con esto se pueden explicar la creación, la formación de los fotones, la del núcleo de la materia, la electricidad, el magnetismo, la gravitación…

CONTENIDO

1. La Materia 13
2. Cuadro B 19
3. Átomos: generalidades 25
4. El Universo 28
5. Volviendo al átomo 31
6. Los fotones: los Cuantos 35
7. La lavadora 41
8. Ga: tensión variable, Ga es Mu, y RET y Riens 46
9. El átomo 51
10. Gluones 52
11. Características del gránulo 57
12. Densidad granular y frecuencia 61
13. Electricidad, magnetismo 66
14. Fotón, refracción, forma del fotón 68
15. El Prisma 72
16. Modelo B 77
17. Creación: ¡la Bofetada! 79
18. Ze Big Bang y la singularidad 82
19. Modelo B, teoría mecanista. 86
20. Evolución 88

21.	Formación del fotón	93
22.	Turismo cultural, Eros.	95
23.	Formación de materia	104
24.	Formación de objetos	106
25.	Evolución de la materia universal	118
26.	Etapa primera: el mundo material	122
27.	Sol y Hueso Negro	127
28.	Diminución de tensión = desplazamiento del espectro	130
29.	Desintegración y fin del Mundo …. Civa	133
30.	Ciencia ficción	137
31.	2da fase : la Vida	140
32.	Evolución: Etapa 2 – el mundo de la Vida	143
33.	Evolución biológica	149
34.	Vertebrado: animal bicerebral	154
35.	El Hombre, el Creador	159
36.	¿Un Patrón?	162
37.	Evolución social, progreso social.	165
38.	Evolución: fase 3 – el Mundo virtual	169
39.	Resonancia	174
40.	Fin del Mundo	177

41.	El mundo virtual en Mu	183
42.	El Espíritu	188
43.	Noción del más allá, del Otro Mundo	190
44.	Almas	193
45.	Evolución, noción de Patrón	195
46.	Patrón: harmónicas	199
47.	Universo non cíclico	203
48.	Kein Stein	210
49.	Post Scriptum	212

Doctor Bruno Leclercq

Doctor Bruno Leclercq

1. La Materia

Se pueden desintegrar las partículas de materia – átomos y sus constituyentes – y ahora estamos enterados que son hechas de elementos más pequeños, inestables.

Hace menos de medio siglo se aceptó la noción de quarks, después de peleas entre varios grupos de científicos. Luego, por haber logrado mejor destruir el átomo, otros constituyentes aparecieron y ahora, al límite se habla de bosones. Esto al menos por algunas de las familias de investigadores, otras consagrándose a las nociones de supercuerdas.

Esa noción afirma que no existen partículas puntuales sino fibras chiquitas que se mueven.

No nos aventuraremos en estos detalles: admitimos nuestra ignorancia. Limitémonos al más sencillo: ¿qué pasa cuando se destruye un átomo?

La bomba atómica rompe átomos pesados; sigue una liberación de energía – el vecindario entero está soplado – y liberación de diversos tipos de partículas. Nos paramos en la liberación de fotones, partículas luminosas.

Los fotones son paquetes de energía que se mueven en el espacio con la velocidad de la luz.

No se estableció experimentalmente que en el límite de la destrucción de materia nada se queda sino agitación y fotones: si la destrucción estuviera realmente total – fin del mundo – no se quedaría en el universo nada que agitar, no se encontraría más que fotones. Permítenos simplificar un poquito, este texto no es un análisis científico. No ha sido establecido que todo puede ser destruido, no es más que un postulado del Modelo B para quien se ve razonable ya que afirmamos que todo es hecho de quanta.

Algo de justificación aparecerá a medida de nuestro progreso.

Doctor Bruno Leclercq

I. Al límite de la destrucción de todos los tipos de partículas, las únicas que se quedan son fotones.

La física enseña que al principio de la creación, justo después del BigBang – preferimos llamarlo BB, diremos luego porqué, - después de BB fotones aparecieron antes de todos los otros tipos de partículas.

Los fotones son partículas muy especiales por no tener masa; los estudiaremos de cerca.

Pero los fotones no aparecieron de la nada, energía dinámica penetró en nuestro pre-universo, agitación pura. Hablemos de pre-universo para indicar ya el lugar donde nuestro universo será formado.

Distanciámonos ya de las teorías comunes: olvidemos expansión del universo y noción de singularidad.

Acabamos de decir que todas las partículas estarán destruidas y que la energía en ellas está en fotones, o mejor dicho en cuantos. Tal vez es así, pero los aficionados de la Ciencia refutan esta afirmación. No es asegurado que los electrones, leptones, quarks, partículas elementares acaban verdaderamente por descomposición, pero el Modelo B afirma que nada ha sido formado antes de los fotones y por eso nos parece probable que las partículas que siguieron fueron compuestas a partir de fotones. Nos quedamos con esta opinión, al final todo desaparecerá.

Olvidemos los Hoyos negros. Ajustaremos las primeras afirmaciones si se ve necesario.

Eso es una obra en progreso, les enseñamos el camino seguido.

El BB causó una agitación del pre-universo. Esta agitación sacudió algo y el resultado de la agitación de este algo fue la formación de una forma: el fotón.

Desde el principio tenemos una zanja entre las creencias de la Ciencia Académica y el Modelo B, el modelo que estamos presentando.

<u>Postulado de la Ciencia</u>: el fotón puede moverse en el vacío.

<u>Postulado del Modelo B:</u> la presencia de fotones en un lugar indica que este lugar **no es vacío**.

Para dar una imagen: el sonido, otra forma de energía dinámica, no se propaga en el vacío, igualmente – nuestro postulado – la energía dinámica del universo no se mueve donde no hay algún soporte.

La Ciencia les dirá que este autor no sabe de qué está hablando: en el caso del sonido se trata de partículas de materia desplazadas por una vibración, en el caso del fotón, nada parecido!

Y nosotros, de la B-cademia decimos que la Ciencia no sabe de qué está hablando; estamos usando un juego de postulados totalmente distinto.

Uno de los principales postulados del Modelo B es que existe un <u>Vacío Absoluto,</u> un vació que nada puede cruzar, ni fotones ni siquiera 'campos'.

La Ciencia al contrario afirma que existen lazos inmateriales entre los objetos: campos eléctricos, magnéticos, gravitacionales y otros. Enseñan los <u>postulados</u> de la Ciencia que estos campos se propagan en el Espacio, así como los fotones.

Hay que abrir una ventanilla para distinguir vacío y Espacio en el modelo Cuántico.

Para esta visión del mundo, el Espacio es un tipo de tejido más que un vacío. Eso permite tolerar la descripción del principio de la creación. Dice el modelo cuántico que primero el Espacio empezó a expandirse y que sigue expandiéndose. ¿Expandirse en dónde?

Entonces hay que concebir un 'vacío' donde el 'Espacio' puede expandirse. La Ciencia no menciona tal vacío.

Al contrario, el Espacio sería algo material. Hace algunos cincuenta años se concibió el concepto de 'Espuma cuántica'. Para estos investigadores, el 'Espacio' es una substancia discontinua, es decir con al menos dos fases materiales distintas.

Este concepto, de hecho, es bastante cerca de nuestra descripción del universo, lo que nos permite soñar que tal vez algún día nuestro modelo lo integrarán.

Se necesitará indicar todos los postulados que separen estas descripciones del mundo, la opinión de la Ciencia Académica y la estructura soñada por la B-cademia, el Modelo B

La Ciencia ni siquiera postula que había algo antes del principio de la agitación. Lógica y sentido común no concuerdan siempre. Ambas crean sus errores y estupideces.

Otro postulado mayor de nuestra vista es que no hay objetos, cosas materiales que se mueven en el espacio. Los fotones por ejemplo no son más que ondas en movimiento, generando dos tipos de cambios en el campo que agitan – campo que acabamos de nombrar 'pre-universo'.

Cavaremos estos temas, paciencia.

Para B, si fotones aparecieron es que, de un lado

- Energía se manifestó en sus aspecto dinámico y por otro lado
- que en este lugar se encontraba algo que le permitía estar presente y manifestarse, algo agitable.

El Modelo B afirma que el fotón atesta la presencia de una substancia universal. El fotón sería una agitación de esta substancia... el lazo es sencillo, cada uno puede seguirlo.

Si extendemos una soga entre dos paredes y la golpeamos en una de sus extremidades, una ola se forma que se mueve en lo largo de la soga, ola que llegará a la otra pared. Lo que vemos es una ola, pero todos los puntos de la soga, al final, regresaron en su posición primera. Moviéndose, la onda mueve el aire alrededor de la soga, exactamente como lo haría una partícula sólida, una pelota por ejemplo. La onda se comporta bien como una partícula pero de partícula no hay, nada más que el movimiento de una cantidad de energía.

Para la Academia, el fotón es el movimiento de una partícula.

Para la B-cademia, origen del Modelo B, el fotón es el movimiento de energía en algún soporte 'concreto', soporte cuyos elementos se quedan en su lugar. El fotón no es una partícula en el sentido dado a la palabra por la Academia.

Kein Stein – la teoría

La descripción de la B-cademia necesita explicar porque a esta onda de energía no se le dispersa la energía.

Cuando lanzamos una piedra en el estanque, la onda generada se mueve en todas las direcciones, perdiendo rápidamente su intensidad. ¿porqué no le pasa lo mismo al fotón si no es una partícula, un pedazo de algo?

En otras palabras, la vida del Científico es mucho más sencilla que la de la B-cademia.

Es lo que parece pero de hecho la vida no es tan fácil para el Académico.

Siendo una partícula el fotón como lo demostró brillantemente Einstein, se queda por explicar porque también se comporta como una onda.

En este texto decimos Einstein para nombrar el conjunto de investigadores de esta era, de hace un siglo, período cuando el conocimiento fue sacudido: Einstein participó pero no era el único. Usemos su nombre por ser el más conocido.

La Academia tiene una técnica sencilla para alejar los problemas importantes: se satisface con decir: ¡es así! 'c'est comme ça' (se pronuncia 'c com sa').

En otras palabras la Ciencia llena sus tratados de postulados que ni siquiera menciona como tal, postulados que en absoluto no cuestiona o nombra por su apellido 'postulado', epíteto que sería un reconocimiento de ignorancia.

Encontraremos algunos al caminar, algunos en las descripciones de la Academia, otros en las nuestras.

Les subrayaremos al pasar, escribiendo (C=çà !) (c com sa)

Esta diferencia es esencial, las explicaciones de la Ciencia las reservan para una élite, nada para la plebe, nada que entrega una representación simple, clara, concreta, nada que enseña como los elementos diversos corresponden y se comunican entre sí.

Si el Espacio es algún tipo de substancia y si el fotón es una partícula, ¿cómo es posible que no pierda energía o velocidad por fricción? De hecho, acercándose a masas él está frenado para volver a recoger su velocidad cuando se aleja.

Bueno, hay que introducir algunos de nuestros propios postulados.

Algunas creencias básicas:

1. el universo está hecho a partir de un número limitado de elementos sencillos. Es un poco como el alfabeto genético. Todas las formas de vida derivan de nada más que cuatro moléculas (un poquito más).
2. Nada proviene de nada.

¡Vamos!

Entonces el hecho que aparecieron fotones nos indica que existía un soporte esperando esta energía, y, por otro lado que en este soporte apareció energía libre.

Pero esta energía, necesariamente, tenía que estar en algún otro lugar antes de su manifestación, o en su forma dinámica o en cualquier otra: en otro lugar, no en el pre-universo.

Que nos guste o no, tenemos desde ahora que introducir el marco del modelo B, la estructura, se puede decir, presentada por la B-cademia.

Hablemos de B-cademia para indicar que no es la 'Academia', y por eso el Modelo B.

2. Cuadro B

Dice la Ciencia que el universo empezó con una fuerte explosión, el Big Bang. Casi inmediatamente luego el Espacio se llenó de fotones.

¿Qué había antes? ¿Quién sabe? La opinión más común es que antes del principio había una 'singularidad' que contenía, comprimidos, el Espacio y la Energía…. ¡ignoremos esta descripción que no logremos concebir! no tiene rastros ningunos parecidos a nuestro Modelo B, nuestra descripción de un universo posible.

Como lo hicieron la mayoría de las religiones antiguas, las que describieron el Universo, describimos un pre-universo, hemos dicho, un medio que existía antes de la creación.

Este espacio vacío que acabamos de citar, lo llamamos **Espacio Absoluto**. No es el espacio de los cuánticos, tal vez deberíamos llamarlo La Nada.

En este espacio hay algo, algún tipo de gota de gelatina elástica, gelatina que llamamos Ga.

La gota, la llamamos Oom. Es el Huevo Cósmico de algunas tradiciones ocultas.

Entonces, en un pasado ilimitado, incognoscible, Oom está, rodeado de vacío, inmóvil o no ¿Quién sabe, quien podría saberlo? Para que se sepa algo es indispensable que haya un lazo, un contacto entre el observador y lo observado. Al menos es así para el Modelo B.

La Ciencia Académica prefiere hablar de 'campos'.

El Espacio absoluto no es absolutamente vacío, pero el Ga no ocupa más que una parte mínima.

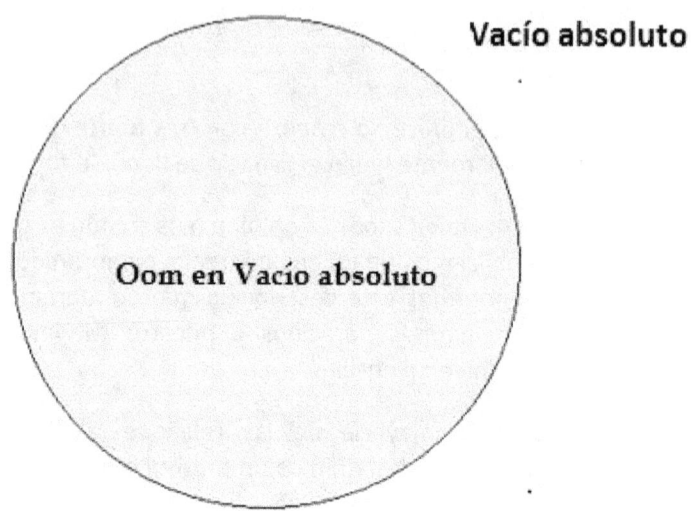

Ga sería una substancia inerte, generalmente descrita como líquida, una gota inmóvil. Según Génesis, este lugar, Eretz, no contiene ningún objeto y nada ocurre en él – Tohu Bohu.

Mencionamos Génesis pero hay que enterarse que la mayoría de las tradiciones antiguas desde Asia hasta Subsaheliana occidental África, todos estos 'observadores' dieron descripciones bastante similares.

El Chaos de los Griegos es muy cerca.

Y empieza la creación, <u>energía dinámica</u> se manifiesta en Oom, agitando del Ga.

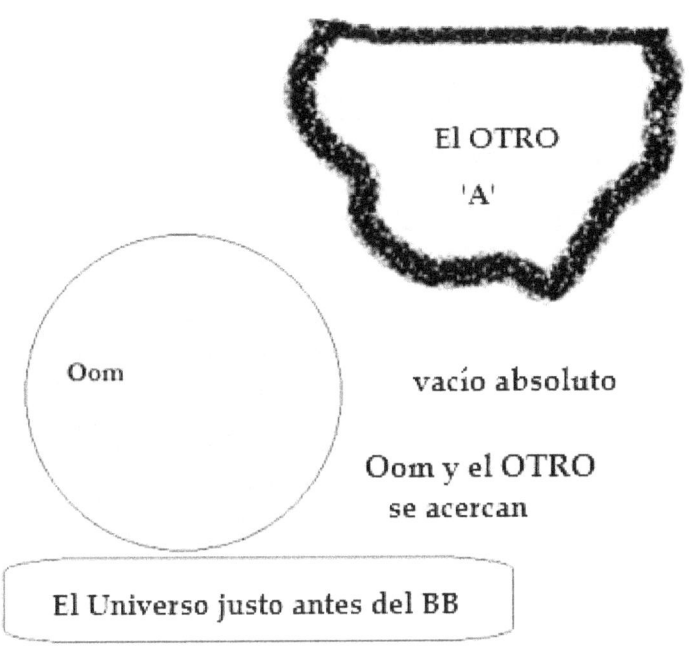

Acabamos de decir que la energía precisa un soporte, entonces, ya que se manifiesta en Oom en el instante $(0 + \varepsilon)$ es que hasta esta fecha tenía otro soporte.

En el mundo del Modelo B, la transferencia no puede tener lugar sino por contacto, y por eso postulemos que se encontraba un <u>otro cuerpo</u> en el Espacio Absoluto, y que este cuerpo entró en contacto con Oom.

Afirmamos que es necesario que hubiera '**contacto**' porque en el modelo que introducimos, contrario a lo postulado por la Ciencia Académica, no existen 'campos' sin soporte. Veremos cómo explicar los fenómenos gravitación y electricidad de manera concreta sin introducir la creencia en 'campos' o la fe en alguna magia o intervención divina.

Hubo contacto lo que significa que la posición relativa de estos dos cuerpos era cambiante: había movimiento. Movimiento significa energía cinética, otra forma de la energía dinámica:

Anotamos la existencia de otro factor: Tiempo. Este tiempo es el Tiempo Absoluto que la Ciencia no menciona y que todavía no ha evaluado. Este Tiempo Absoluto es lo que ata las nociones 'antes del BB', 'BB', y 'después del BB'. Este Tiempo es absolutamente libre, independiente de los eventos en el Universo, en Oom.

Al contrario, el desarrollo del Universo sigue el flujo del Tiempo.

Se puede probar la equivalencia que existe entre energía cinética y energía dinámica.

Experiencia fácil: clavamos un clavo a martillazos fuertes. Percibimos que el clavo se ha calentado por la energía cinética del martillo – no esperar que haya sido empujado entero, claro.

Se puede objetar que el calor lo facilita la fricción del metal con la madera, lo que es parcialmente cierto y para defendernos sugerimos martillar el clavo sin empujarlo en nada: igual se calentará.

Es la energía cinética de la pareja que se cambia a energía dinámica en su forma 'libre', forma que usa para participar a la Creación, forma en la cual está manifiesta en Oom,

El calor no sale del martillo, lo que hace la herramienta es aplastar un poco el metal, metal que luego reacciona volviendo a su forma primera: el desplazamiento de las moléculas del clavo en ambas direcciones, es eso que crea el calor. Este calor proviene de la agitación de los átomos, de sus electrones del hecho que esta agitación causa la emisión de ondas de calor, fotones, principalmente infrarrojos.

El desplazamiento de los átomos y de sus electrones causa la emisión, la formación de fotones.

Todo esto es algo técnico pero nos ayudará luego a entender, aceptar que el calor que aparece en Oom está debido al golpe que aplasta Oom por un instante, que estos fotones están generados por el contenido de Oom.

Lo que entra en contacto con Oom al instante BB no es una jarra de gasolina: no derrama fotones en el Oom.

El contenido del Oom lo llamamos **Ga**. Ga es algo elástico (*postulado*).

Kein Stein – la teoría

Eso, luego, lo veremos progresivamente en detalles.

Pues, fotones fueron creados ¡averiguaremos!

Pero aquí, por BB, en Oom, los fotones no son generados por constituyentes de átomos ya que en Oom no hay más que Ga, substancia inerte, uniforme: Tohu Bohu, no objetos, no movimiento. La fuente de fotones es lo que está agitado por la introducción de energía por el choque.

En otras palabras, es agitando Ga que se forman los fotones.

Hay que cavar todo esto. Nuestro modelo no nos permite ser tan descortés que la autoridad docta. Para los Físicos basta con decir: fotones están formados, y Amen. El Modelo B tiene que ir un poco más adelante, aun cuando no pretende que sus soluciones son exactas y completas.

En el ejemplo del martillo, el aplastamiento de átomos les cambia por un instante la forma: se puede suponer que la trayectoria de sus electrones está deformada, electrones que vuelven inmediatamente a sus posiciones y formas primeras: los electrones saltan.

Suponemos que el lector tiene un conocimiento básico, pero seguiremos como si no lo tuviera.

La materia está constituida de átomos; los átomos son hechos de un núcleo que lleva una carga eléctrica positiva. El núcleo está compuesto de al menos un Protón.

El núcleo del más sencillo de los átomos, el hidrógeno es un protón y nada más. El Protón tiene una masa de 1 y unacarga eléctrica positiva +1.

Hay otra partícula sencilla, el Neutrón. Tiene una masa de 1 como el Protón, pero no carga eléctrica.

Existen muchos tipos de átomos. Cada uno está caracterizado por el número de protones en su núcleo. Es el número de protones que diferencia el hierro por ejemplo del oxígeno.

3. Átomos: generalidades

El átomo es constituido de un núcleo con electrones gravitando alrededor.

El núcleo tiene una carga eléctrica positiva y en la mayoría de los casos, gravitan alrededor el mismo número de electrones de carga negativa. Nos limitáremos al modelo de Bohr.

No vale la pena que vayamos más profundo en la descripción de las trayectorias de los electrones y en la expresión de estas cargas eléctricas.

El más sencillo átomo es el hidrógeno. Masa 1, carga +1. La carga eléctrica la lleva un positrón, un leptón parecido al electrón pero de carga positiva. En algunas situaciones, bajo la acción de una de las fuerzas nucleares, el positrón se va del protón y el protón está cambiado a neutrón.

Existen también átomos con un protón y un neutrón. Tienen una masa 2 y carga +1. Esos son los de Deuterio, los núcleos del Agua Pesada que se menciona en relación con la bomba atómica. En algunos casos, son dos los Neutrones pegados al Protón único. La masa ahora es 3 con la misma carga +1., es el Tritio. Estos dos átomos son más inestables que el hidrógeno, más susceptibles de desintegrarse, de perder sus neutrones; Aparecen brevemente en la explosión de la bomba de fusión, la bomba H.

Es el número de neutrones que diferencia los diversos isótopos.... Información sin interés en este texto.

Teníamos esperanza de evitar casi totalmente la física, pero por más claridad nos encontramos forzados a zambullirnos más hondo.

Él átomo siguiente tiene un número atómico 2. Es el Helio, masa 2, carga eléctrica +2. La Naturaleza, el mundo físico lo encuentra poco estable para su gusto, demasiado electricidad para una superficie reducida... conflictos. Pero, aceptando en el núcleo dos neutrones adicionales se forma un átomo mucho más estable, ya que está más larga la superficie, calmando la irritación de los dos positrones. Así tenemos el isótopo 4 He, el Hélio4, el átomo más común en el universo por ser el más estable.

Ahora sí podemos parar un instante, respirar un poco.

Ya que el núcleo del He4 tiene una masa más alta que la del Hidrógeno, se puede esperar que en él los protones y neutrones estén algo más pequeños, apretados por la fuerza gravitacional: no es así.

Observando átomos mucho más pesados – el Uranio por ejemplo – por fin algo ¡sí! más sólido – los protones y neutrones deberían ser más aplastados: no lo están. Lo que significa que la masa de los átomos no tiene efecto ninguno sobre el tamaño de sus componentes.... ¡que raro!

Otra pregunta: ¿porque se pegan, y se quedan pegados los protones y los neutrones? ¿Por qué se quedan pegados? ¿ porque no les atrae individualmente la atracción universal? ¿ porque no les están alejando las cargas eléctricas positivas de sus protones?

La física encontró que existe una fuerza, de hecho dos fuerzas, las fuerzas nucleares. Una de ellas pega fuertemente protones y neutrones. Es la fuerza más poderosa del universo, la fuerza S.

Nuestra opinión es que el problema se queda. Si esta fuerza les empuja fuertemente uno contra el otro, ¿porqué tienen estos nucleones – protones y neutrones – el mismo tamaño en todos los átomos?¿ porqué no están más aplastados cuando la masa total es más alta?

Física que sí sabe explicarlo todo, indica que la fuerza que les acerca, la fuerza **S** funciona solo cuando estos nucleones están a algo de distancia entre sí. Luego la misma fuerza disminuye, frena el acercamiento y al final se bloquea.

¿ cómo ocurre esto? ¿para qué? No contesta... C=ça ! ¡es así!

Usaremos este C=ça ! para indicar o admitir que una afirmación es un postulado, algo dudoso pero que no se cuestiona. De hecho algo sobre que no se sabe nada.

La ciencia provee mucho de esto. Veremos que el Modelo B elimina muchos pero introduce algunos propios.

Tenemos absolutamente que lanzarnos en el estudio del Espacio según nuestro modelo.

4. El Universo

Describimos nuestro **Universo** como el conjunto de los eventos que nos rodean y de los cuales somos partes. Por '**Eventos**' entendemos objetos, cambios de posición o de estado, materiales y tal vez inmateriales. Lo veremos todo de más cerca poco a poco. La sucesión de Eventos es la **Historia**.

Para el Modelo B como lo hemos visto, nuestro Universo está localizado en **Oom**, un volumen cerrado sin contacto alguno con lo que sea.

El Oom contiene el Ga, un medio continuo compuesto en parte por un líquido, **Mu**, y por una infinidad de masas pequeñas que llamemos **Gránulos**. El conjunto de estos gránulos es el **RET**.

Se puede decir que Ga es la espuma cuántica, concepto bastante distante, distinto, imaginado independientemente como se lo enseñaremos a continuación.

RET es una red espacio-tiempo. No es una red continua, los gránulos no están en contacto directo, íntimo entre sí. Una parte de la energía dinámica circula en el RET en forma de fotones. Los **fotones** son fenómenos electromagnéticos que se mueven a la velocidad de la luz. Son partículas, pero de hecho son paquetes de energía.

Tenemos que insistir sobre el hecho que la energía que penetró en Oom al instante BB era uniforme, era el resultado de un movimiento, una cantidad de energía continua, única. En la generación de fotones por el martillazo, el martillo no entrega fotones ya formados; los fotones están hechos in-situ. Bueno, en realidad introduce cuantos... eso se aclarará ahora mismo.

La energía es informe, su única variable es su intensidad. Puede presentarse de varias maneras. Volveremos a este punto, pero para tomar dos ejemplares, existe en forma de fotones y también en forma de agitación de la materia; en su aspecto de fotones, la energía existe en cantidades fijas, en cuantos.

Aun cuando está en su forma de agitación de la materia, la energía en el Universo está presente en cuantos, pero esos cuantos no presentan efectos electromagnéticos.

Lo complicaremos un poquito algo más tarde al llegar a una descripción más completa del universo.

Ya que el Cuanto tiene por lo menos dos expresiones para mejorar la comunicación lo llamaremos

- Fotón cuanto lo es y
- Presón cuando se trata de fuerza mecánica.

Los de la teoría cuántica protestarán que usemos su concepto de cuantos de manera muy distinta de la suya. Es cierto, pero el progreso del texto soportará nuestra descripción. La diferencia proviene de su creencia en campos cuando nosotros al contrario rechazamos tal concepto.

Ya que la energía no tiene ni forma ni dimensiones, si está manifestada en cantidades fijas, si no se dispersa, será por ser contenida en algo, en un recipiente; este soporte, esta jarra es lo que llamamos **Gránulos**.

El Gránulo no tiene forma fija, es muy maleable, y asuma la forma que le imponen las fuerzas internas y externas que lo someten.

La energía, el cuanto pasa de un gránulo a otro, cambia de lugar pero el gránulo no se mueve.

Por alguna razón, desde el principio de la creación la energía se dividió en cuantos de todas clases de valor, todo tipos de poder. Al parecer, los fotones son prácticamente inmortales; captemos la luz de las estrellas, fotones emitidos hace millones de años.

Hablando de los fotones en el registro visible, los fotones son de varios colores, dependiendo el color del cuanto. El cuanto del fotón rojo tiene menos energía que el cuanto del fotón azul.

De hecho el color no existe verdaderamente. El color es una invención, una creación de nuestro sistema nervioso, algo que nos da informaciones útiles para la caza o la colección de alimentos: flores para los insectos, frutas para las aves...

Aunque los elementos del RET, los gránulos no están en contacto directo entre ellos, aunque su distribución es aleatoria, ya que están sumergidos en Mu, las variaciones de presión de cada uno están comunicadas a los demás.

¿Se recuerda de Mu, el otro componente del Ga?

Esta organización espacial permite transmisiones físicas sin fricción. Es el mismo procedimiento usado en la caja torácica donde las secreciones de las pleuras les permiten a los pulmones seguir los cambios de forma de la caja sin irregularidades ni fricción.

Es eso que le da al RET sus propiedades de red.

5. Volviendo al átomo

Se representa el átomo de manera esquemática como formado por un núcleo rodeado por nubes de electrones móviles. Estos electrones casi no tienen masa y presentan una carga de -1. Como lo hemos visto, normalmente en un átomo se encuentran tantos electrones que hay de protones en el núcleo. El átomo es eléctricamente neutro.

Los electrones giran alrededor del núcleo siguiendo trayectorias bastante bien definidas. No entraremos en detalles, no importan aquí. Esta descripción corresponde al modelo de Bohr, modelo muy primitivo, pero satisfactorio para explicar de una forma que le permite al ignorante darse una idea válida de lo que pasa.

Ahora podemos avanzar un poco más.

Ha sido establecido que cuando fotones – las partículas de la luz – entran en contacto con electrones, están fugazmente absorbidos – prácticamente dejan de existir, pero luego vuelven emitidos. La absorción del cuanto lo hace sobresaltar el electrón. Cuando termina su salto el electrón, el cuanto está liberado y el fotón vuelve a existir.

Sencillamente descrito: cuando un cuanto no encuentra obstáculos, él se desplace con la velocidad de la luz, es un fotón. Si encuentra un obstáculo se cambia a presón, aumentando la energía cinética del obstáculo, empujándolo.

En la situación del martillazo, la situación es la de la segunda fase: no hay fotones al principio y por eso no absorción, pero sí desplazamiento de un electrón, deformación mecánica de su trayectoria. Cuando vuelve a su camino regular, luz es emitida.

En este caso hay creación de un fotón por un golpe mecánico.

Para evitar confusiones luego, hay que explicar que no es una creación, sino la manifestación de un cuanto liberado. El golpe empujó un electrón, es decir que le pegó un cuanto. Este cuanto alejó un electrón de su trayectoria, pero el electrón trata de volver a su pista original lo que libera el cuanto. Este cuanto ahora está libre, ha dejado el martillo, dejado el electrón, y por eso anda como fotón a la velocidad de la luz.

Pero, ¿de dónde venía este cuanto? Del martillo, del movimiento del martillo. El movimiento es energía cinética causada por cuantos. Al golpear el movimiento se para y eso libera los cuantos responsables del movimiento. Vean, nada misterioso, nada que aparece de la nada.

En ambos casos electrones han sido sacudidos con suficiente fuerza para que saltan por un instante de su camino, y es la vuelta en sus lugares, un salto, un movimiento repentino que causa la formación de un fotón, de una onda electromecánica moviéndose a la velocidad de la luz.

Se puede imaginar pues que es de la misma manera que los fotones fueron formados al principio de la Historia de nuestro mundo.

Sino que, como ya lo hemos subrayado, en el caso de la creación, en el caso del choque entre el Otro y Oom, ya que Oom no contiene ni átomos, ni partículas, ni electrones, la emisión de fotones no se puede explicar de la misma manera. Hace falta otro escenario.

La ventaja del modelo B sobre las descripciones de la Ciencia es que nuestro modelo señala que es algo, Ga, adentro de Oom que podría haber participado a la generación, a la creación – no debemos tenerles miedo a las palabras – a la creación de los fotones, de los cuantos, primer paso de la creación de nuestro universo.

El electrón gravita alrededor del núcleo en pistas bastante estrechas. La existencia de estas pistas implica la presencia de crestas y ranuras, diferencias de tensión del RET rodeando el núcleo. Las pistas de los electrones son esferas concéntricas, otra característica del RET. Sugieren que hay otra actividad pulsátil en el núcleo y en el RET.

No sabemos nada sobre eso. Otra área que estudiar. No lo haremos, no nos parece indispensable en nuestra descripción del universo. Hay que dejar algo que imaginar para otros cerebros.

Los físicos, claro, subrayarán que esta descripción del átomo y de pistas de electrones es pasablemente falsa, terriblemente esquemática. Para nuestra exposición, basta.

Se puede suponer la existencia de una cresta entre dos sillones, entre dos caminos posibles para el electrón. Es cuando el cuanto salta encima de tal cresta para pasar de un sillón lejano a otro más cerca del núcleo que está emitido un fotón.

Bastante complejo todo esto, y ¿para qué?

Distinguiéndonos de los dogmas de la Ciencia para quienes todo aparece de la Nada, afirmamos que si hubo creación, y ¡sí! hubo creación, es porque se encontraban antecedentes. Había factores, elementos en presencia y reglas del juego, leyes.

Para disminuir el aspecto dogmático que nos amenaza, dejaremos este asunto por ahora. Volveremos cuando mejor armados.

Según las observaciones de la Ciencia:

Las primeras 'partículas' formadas en la creación son fotones.

Nuestro modelo del clavo y del martillo nos permite concebir como se forma el fotón: un cuanto salta de una trayectoria donde está preso, ahora está libre. Ahora es un fotón, al menos hasta ser capturado de nuevo en otro lugar.

Para el Modelo B es a continuación del choque entre Oom y el Otro que aparecieron los fotones temprano en la creación. Insistimos: los fotones no se encontraban en el clavo ni en el martillo del ejemplo, no se encontraban ni en Oom ni en el Otro antes del golpe.

Oom ha sido tocado y como cualquier campana, a partir de un solo impulso hará que su voz se quede oída por mucho tiempo.

Si el badajo es múltiple, si toca varios puntos al mismo tiempo, el sonido producido será complejo.

O sea, la forma del badajo tiene un efecto en el sonido producido.

Pensamos que la cáscara de Oom no juega un papel importante en lo que sigue. Al contrario, pensamos que el OTRO es más rígido y que su forma es un aspecto dominante de la onda generada.

Es de esta manera que se transfirió la energía cinética que causó la colisión. Pasó en Oom, agitando su contenido, Ga. Poco luego esta energía libre se cambió y generó fotones, y más tarde causó las partículas de materia. Finalmente participará en todos los eventos del Mundo.

Anotemos al pasar que no es preciso introducir una noción de Dios Creador, pero, por otro lado se debe reconocer que tal participación no es excluida: ¿Por qué se acercaron estos dos objetos del Vacío? ¿se encontraba algún Dios con un martillo en la mano? Y otras preguntas metafísicas...

Tenemos la causa, pero no sabemos si hubo alguna voluntad, decisión motivando, dirigiendo.

Pero no se entiende fácilmente porque se necesitaría una.

¿para qué se molestaría una entidad a crear un universo? ¿a crearnos?

¿en su lugar, lo haría Ud.?

6. Los fotones: los Cuantos

Se queda una preguntita: el fotón aparece cuando un electrón salta de una trayectoria a otra como lo describimos; pero el fotón primero ¿Cómo nació? En el silencio absoluto de Ga caracterizado al principio por Tohu Bohu: no movimiento, no objeto, absolutamente nada....

Dice la Ciencia que la primera manifestación concreta, material, de la creación es el fotón. Indicamos anteriormente que el fotón es causado por energía, pero que el fotón no es esta energía, es la manifestación local de la presencia de energía que se mueve.

Aceptamos los hechos descritos por la Ciencia, pero sus teorías no son hechos, no son más que cuentos, interpretaciones tal como las de las religiones, tal como la nuestra.

La ciencia, tratando de explicar de dónde provienen las partículas, está revolcándose para no ahogarse en la sopa de ideas distantes empujadas por sus múltiples especialistas.

¿La más común explicación? : c=ça !

De la misma manera las religiones tienen mucha dificultad para explicar de dónde provienen las Almas, o el porqué de la vida. El Modelo B es un mejor tranquilizador, en él todo está atado lógicamente.

¿es la verdad? ¿por fin?

Eso lo decidirá el lector, para sí, sin esperar la confirmación de la ciencia, confirmación que, lo predecimos, no será para mañana.

El fotón está formado por Ga, donde Ga está agitado por energía.

El fotón es una vibración electromagnética,

¿Vibración de qué?

Doctor Bruno Leclercq

Son muchos los tipos de fotones: para simplificar nuestra descripción nos limitaremos en los fotones visibles. El fotón azul contiene más energía que el rojo, y su frecuencia es más alta.

Se habla de cuantos. El cuanto es una cantidad de energía. Al parecer la energía prefiere manifestarse de forma parcelar, discontinua, en pedazos, se podría decir. El rayo de luz, el haz más fino es un tren de fotones individuales.

Claro que se puede pensar que en el encuentro Oom-OTRO una parte de la energía fue transmitida en forma de cuantos y hasta de fotones; eso nos evitaría al menos tratar de imaginar cómo se formaron estas partículas primeras en este RET donde todavía no había, vacío de todo lo que sea material.

Insisto demasiado tal vez, pero es porque es un asunto preocupante, y más porque la Ciencia ni siquiera lo menciona.

¿Había fotones en el OTRO? La B-cademia piensa que no, pero ¿Quién sabe? ¿no deberíamos asegurarnos que no hubo transferencia de materia?

Vamos a dejar el tema. De todas formas este texto es una simplificación, un croquis, una sugestión, un boceto que no pretende más que enseñar que se puede imaginar una alternativa al universo de la Ciencia.

Nuestra descripción del fotón es herejía, sin duda, pero nos permitirá entender algunos fenómenos.

Es posible y hasta probable que la estructura del RET no es continua... hablamos de gránulos.

Al parecer cada fotón tiene su identidad y no la cambia jamás.

Al menos no hay duda que algunos fotones llegan aquí de muy lejos en el espacio y en el tiempo: la luz de las estrellas. La Ciencia observó que cuando más lejana su origen más baja su frecuencia, lo que podría ser por perdida de energía, pero dice la Ciencia, eso no es la razón.

El cambio de frecuencia, dice ella, se debe al hecho que el Universo está en expansión, las estrellas se alejan entre sí, sin cesar. Por eso las frecuencias percibidas cambian, disminuyen como el sonido de la sirena del tren baja cuando se aleja del observador; eso es el efecto Doppler.

¡Falso! Dice la B-cademia. Absolutamente falso dice el modelo B cuyo universo ocupa un volumen fijo y constante.

Tendremos que buscar otra explicación.

Que esté fijo el cuanto en la Historia entera soportaría bastante bien la teoría de las supercuerdas. Es posible que cada cuanto, cada elemento energético haya sido formado porque correspondían más estrechamente sus características a algunos pedacitos del Ga que a otros. No vacilaremos y lo complicaremos tanto como nos parecerá indispensable.

Este texto es una simplificación extrema. No pretende más que sugerir que se puede imaginar un conjunto distinto de lo que presenta la Academia.

Se ve posible desde el punto donde nos encontramos que la estructura del Ga no sea uniforme y continua, que Ga, como un juego de Mecano o Lego contenga varios tipos de piezas.

Esta especulación primera no cambia en nada nuestra disertación. Hasta ahora aceptaremos que le fotón fue hecho una vez y que se ha mantenido inalterado.

Volviendo a la absorción del fotón al cruzar el camino de un electrón, en la mayoría de los casos pasa muy poco tiempo entre absorción y re-emisión, lo que no sirve mucho para nuestra presentación. Sin embargo, en algunos casos los eventos son otros; en estos casos el intervalo entre los dos eventos es algo más largo

II. Si un fotón pasa en la nube de electrones, es posible que desaparezca. La energía suya, su cuanto se junta a la energía cinética del electrón, forzando este a establecerse en otra trayectoria, más lejos del núcleo.

<u>Del fotón no se queda nada.</u>

Lo que demuestra que el fotón no existe verdaderamente, que no es más que una manifestación temporaria de un cuanto. El cuanto sí existe y es permanente o sea que se manifiesta en fotón o en cambio de velocidad, de trayectoria de un electrón, en energía cinética, en presón.

Luego el electrón vuelve en su lugar primero, al mismo tiempo un fotón es emitido, idéntico al fotón desaparecido.

Para facilitar la tolerancia, sino la aceptación de nuestra descripción es razonable insistir sobre lo que acabamos de decir sobre el fotón y su impermanencia. El cuanto puede ser exprimido como fotón, el fotón es un <u>fenómeno</u>, no es una partícula estable.

La destrucción total de las partículas de materia no libera, en último análisis, más que fotones. Ya lo hemos dicho. Cada partícula de materia, toda la materia no es más que asambleas temporarias de fotones, o más correctamente, asambleas de cuantos.

III.   Ya que los fotones no son más que fenómenos, que no tienen existencia propia, <u>las partículas de materia no existen tampoco</u>, son nada más que fenómenos.

Son aglomerados complejos y estables de cuantos individuales.

Cuando se destruye la materia, no se queda nada en sus caminos, los cuantos vuelven en su aspecto de fotones. ¿Qué forma tienen adentro de la materia? La Ciencia tiene que descubrirlo. ¿lo están haciendo las teorías de super cuerdas?

Ya que todo esto es bastante brutal, repetimos los hechos, reunámoslos.

I.   De hecho, al límite de la destrucción de todos los tipos de partículas, <u>no se queda más que fotones.</u>
II.   Cuando un fotón pasa en una nube de electrones, él puede desaparecer. La energía que lo constituye, su cuanto, hace que uno de los electrones cambia de rumbo y sigue una trayectoria más distante del núcleo:

<u>El fotón ha desaparecido</u>

El cuanto puede exprimirse en fotón, el cuanto es algo permanente, el fotón no es más que un fenómeno.

III. Ya que los fotones no son más que fenómenos, no existen de verdad, las partículas de materia no existen tampoco no son más que fenómenos.

Esta observación coincide con nuestro postulado: no hay corpúsculos concretos circulando en un espacio vacío, nada más que ondas en un medio continuo.

Al lector informado, todo esto parece falso pero le rogamos que tenga paciencia, seguiremos cuestionando todo, sin piedad, ni siquiera para nuestras afirmaciones si el análisis de los hechos lo hace indispensable.

En esto, la Ciencia Académica y la noción popular están de acuerdo para botar el modelo B. Sin embargo hay que recordarse que la Ciencia no tiene una opinión unánime sobre ese tema. Recordarse que hace cuarenta años la teoría de las supercuerdas sacudió el edificio entero.

Se fue la certeza común que existen partículas puntuales.

Veremos cómo se mueven los cuantos cuando adentro de las partículas, sin perder sus individualidades y sin escaparse.

¿una pequeña ilustración?

El agua de las olas, en el mar alto, no avanzan, no hacen más que moverse verticalmente. El bote es levantado por la ola, pero se queda a la misma distancia de la tierra.

Favor no enseñarnos que cerca de la orilla las olas, sí, avanzan.

Si extendemos un resorte entre dos puntos y que se aprietan brevemente algunas de sus espiras, al liberarlas se observa una onda de compresión propagarse en el resorte. Algunas espiras avanzan y luego vuelven en su lugar. Se observa claramente que la onda se mueve y que el resorte se queda dónde estaba antes.

Doctor Bruno Leclercq

Esa es la historia de los fotones y la historia de la materia, ondas que circulan en un Ga que oscila un poco pero un Ga que se queda.

7. La lavadora

Al final de los años cincuenta, intrigado por la noción que los fotones se comportan al mismo tiempo como ondas y como partículas, empezamos nuestra propia expedición, una investigación sencilla por razonamientos lógicos rudimentarios, evitando lo que decían sobre el asunto los matemáticos y físicos. Ya que estos especialistas no están de acuerdo entre sí, se pueden ignorar.

Empecemos con una demostración por absurdo: vía sin salida. Decidimos concentrar nuestros esfuerzos en algo concreto, el aspecto partícula del fotón. Concebimos que era posible proponer una resolución de la discordia: pensamos en la lavadora donde tejido y agua ocupan el mismo espacio.

Describimos todo esto en Yoga des Sphères (Ed. de l'Homme).

En nuestra primera descripción hablamos de un universo ocupado por una red sólida y un líquido.

Cada desplazamiento de una fibra del tejido se propaga a lo largo de la fibra y también se comunica al agua. La señal, el mensaje sigue dos caminos, tiene dos distribuciones o dos velocidades distintas.

El tejido lo llamamos RET por Red Espacio Tiempo y el líquido lo nombramos Mu sin razón específica, aunque se nos ocurren varias posibilidades

Madre Universal

Mar Universal

Mu elemento central de algunas enseñanzas ocultas

Y poderoso Koan de algunos centros de Zen…

Después de muchos avatares el modelo llegó en 2016 a una descripción del universo bastante cerca del esquema del principio. Muchos errores salieron eliminados, nuevos descubrimientos fueron integrados: progreso de la Ciencia que ha hecho pasos de gigantes en el curso del último medio siglo.

Seguiremos pues con RET y Mu.

Una vuelta hacia lo que escribimos hasta ahora.

El fotón es una de la formas del cuanto. El cuanto es una cantidad fija de energía dinámica, pero la energía per-se no tiene forma. La energía es agitación de algo. En todo caso, el cuanto no puede ser presente en lugares donde no hay nada que puede ser agitato, desplazado o deformado.

Ya que en el caso del fotón la energía se mueve en cantidades estables, constantes, en cuantos, creemos necesario suponer que estos cuantos se alojan en un espacio limitado, espacio necesariamente limitado por algo.

Usando una lógica digna de la Ciencia, concluiríamos que el cuanto esta albergado en un receptáculo, y que este depositario se mueve en el espacio.

Pero para el Modelo B , nada se mueve lo que quiere decir que aunque, sí, se necesita un receptáculo, este recipiente no se desplaza. El cuanto, para cambiar de lugar, para moverse, salta de un recipiente a otro.

Además pensamos que este 'recipiente', el gránulo es universal. No hay gránulos específicos para cuanto especiales. El tamaño del gránulo está ajustado sin cesar por la fuerza del cuanto que contiene y por las tensiones ambientes en el RET.

Al parecer, el Gránulo no acepta más que un solo cuanto a la vez, no hay aumento de la energía del cuanto presente, no adición, no incremento de la cantidad de energía, ni fuga tampoco. Es de tipo todo o nada. El cuanto pasa de un gránulo a otro sin aumento o pérdida.

Al parecer, cada cuanto se queda distinto por la duración entera del universo.

Sabemos que estas afirmaciones, declaraciones ex-cathedra van contrario a algunos aspectos de la teoría de la relatividad. Veremos luego como lo justificamos.

El fotón es algo que vibra. Este algo tiene que cambiar de tamaño, de volumen o de forma ya que crece o baja la señal. Eso indica que se encuentra algo que puede vibrar. No es el cuanto ya que no tiene forma y que es una cantidad fija de energía. Vibración no es fija, es alza y baja.

Nos hacen falta algunos postulados adicionales.

- El RET es compuesto de gránulos, algún tipo de ampollas elásticas comprimibles y expandibles.
- Cada cuanto infla temporalmente un Gránulo en proporción de su poder.
- Ya que Oom es un volumen constante y ya que están en contacto entre sí los gránulos, la expansión de cada uno es compensada por cambios equivalentes pero opuestos del volumen de los gránulos vecinos.
- Estos cambios de volumen generan incrementos de presión en los gránulos vecinos. Estas variaciones de presión participan sin duda en los movimientos de los cuantos.

Afirmamos que el cuanto salta porque es entero adentro de un gránulo, y luego entero otra vez, en otro. Tenemos alguna sospecha que no se trata realmente de un salto, pero no tenemos un modelo que ofrecer. Tal vez algo parecido al movimiento de la comida en el intestino, pasando un esfínter y luego otro. No es lo mismo, en la digestión la progresión es linear, pero no hay tubos en el RET. Como lo habíamos encontrado en las formas originales de nuestro modelo, si el RET presentara direcciones preferenciales, algunas zonas del espacio se quedarían sin luz.

Para que avance la luz, el cuanto tiene que escapar y encontrar otro techo. Entre salida y entrada nueva, el cuanto no puede ser libre porque la energía no tiene forma propia. De ser libre se dispersaría, perdería su valor como las olas en el estanque o como la voz.

¿Cómo se mueve un cuanto de un gránulo a otro? chi lo sa ? c=ça !

Mu es un líquido donde se baña el RET.

Mu forma una película líquida que cubre, que moja la superficie de cada gránulo. Las propiedades mecánicas de ambas substancias – Mu y gránulo – permiten la propagación de todas las variaciones de presión al Oom entero, todas las variaciones causadas por desplazamientos de cuantos.

Por estas propiedades las presiones se comunican a pesar de las variaciones temporarias de las formas de los gránulos. Es comunicación sin adherencias, sin frenazo por fricción. Ya lo hemos visto.

Estamos a punto de lanzarnos en las muchas preguntas acerca del fotón.

Ya que los gránulos están desplazados, comprimidos, estirados, la señal del fotón resulta también en ondas mecánicas en el RET. Es así que la señal fotón es más que un mensaje electromagnético, también es una onda mecánica que corre en el RET afuera de los gránulos. Esta otra señal es el aspecto analógico del fotón, su cara 'onda'.

Además, por ser Mu un líquido, los cambios de presión en el RET están transmitidos al Mu en forma de señales analógicas, y esto a una velocidad más alta de todo lo que está pasando en el RET.

Al opuesto del modelo de la lavadora que habíamos soportado hace medio siglo, modelo donde la señal tenía dos caras, la partícula y la onda, el modelo que tiene ahora nuestra elección señala tres representaciones:

- La partícula, el cuanto
- La onda causada en el RET por las alteraciones físicas de los gránulos vecinos al progresar el cuanto
- La onda secundaria, analógica esta, creada en Mu.

Hay todavía otro factor que integrar: el factor Tiempo. El tiempo no actúa directamente, pero hay al menos una fuente adicional de energía cuya manifestación está atada al progreso del tiempo. Es uno de los factores de la gravitación universal como lo demostró Einstein.

Buscaremos la fuente de esta energía.

Todo esto nos enseña esquemáticamente cómo se puede imaginar un universo sin nada concreto, un universo donde nada puede moverse por falta de espacio, un universo donde objetos concretos parecen cambiar de lugar, pero en lo cual, de hecho, no hay más que energía moviéndose en el RET en cuantidades fijas y en cuantidades variables: los fotones y las ondas.

Hay que explicar el fotón. Anotemos al pasar que los grandes avances de la Ciencia empezaron por descripciones nuevas de la luz.

La descripción actual del fotón deja mucho que mejorar. Hace falta un paso nuevo.

¿Ayudará en esto el modelo B?

Por ahora, hay que enseñar la presencia, la acción de diversos factores y en particular la influencia de las características de los gránulos del RET.

8. Ga: tensión variable, Ga es Mu, y RET y Riens

Oom es llenado por Ga, una clase de gelatina elástica, dijimos. Es casi la espuma cuántica de la Ciencia. La descripción del continuo espacio-tiempo está bajo mucha incertidumbre: algunos ven en este un tipo de líquido, otros, algún espumo como lo hemos dicho. Esta última opinión es bastante cerca de Ga, pero no es lo mismo como lo entenderán.

Ga no es un medio sencillo. Es compuesto de Mu y del RET, lo cual es hecho de Gránulos.

¡Sigamos!, el Modelo B no es más que un sueño.

Los cuantos, lo diversos cuantos son cantidades de energía dinámica. Tal energía no tiene dimensiones geométricas, pero como se ha establecido que el fotón es un cuanto, una cantidad mensurable y estable de energía, ya que el fotón se comporta como una partícula hay que reconocer que en este estado el cuanto presenta límites físicas, geométricas.

Este razonamiento nos lleva a pensar que el cuanto está ajustado en un volumen limitado, un recipiente, y por eso concluimos a la existencia de gránulos.

Generalizando, postulemos que el RET, un componente de Ga, es un conjunto de gránulos elásticos.

Decimos Gránulos, pero tal palabra nos lleva a pensar en algo rígido, granos.

Podríamos decir gelulos, pero los gelulos de las farmacias tienen una forma fija. Podríamos usar la palabra bula pero las bulas de nuestro mundo son vacías.

Nos quedaremos con gránulos.

Sin duda, estos gránulos – ¿existen de verdad? – estos gránulos tienen una composición: no tenemos idea ninguna de sus constituyentes. C=ça !

Opuestamente a nuestro dibujo inicial del RET, lo que habíamos sugerido en los años sesenta, los gránulos no forman una red continua, regular, están distribuidos como los granos de arena en la playa, o las moléculas en el aire pero sin sus libertades. La libertad de los gránulos es muy limitada: se pueden mover un poquito, más un cambio de forma y tamaño, pero no se alejan de sus posiciones originales.

Están mantenidos en su lugar y formados por las presiones que ejerce cada uno en los demás.

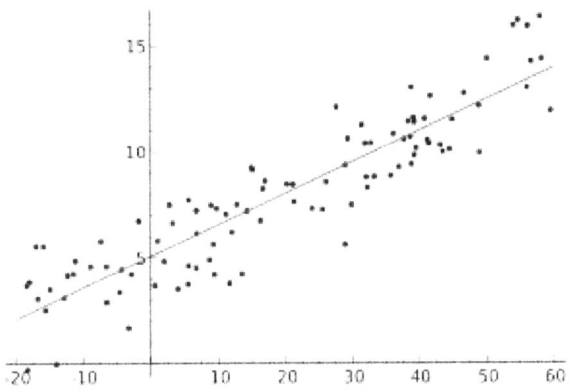

Linea de regresión - la corriente en Mu ata los gránulos en algo cerca de linea recta.

El cuanto no se desplaza en línea recta pero sigue una aproximación de tal línea, sus posiciones instantáneas sucesivas están más o menos alineadas a lo largo de la trayectoria del fotón, como lo son los datos que se usan para establecer una línea de regresión.

En este caso, la línea de regresión es la trayectoria percibida del fotón, una línea recta.

La energía eléctrica del fotón es pulsátil y alternativa. Ya que la propiedad 'pulsación' no puede haber nacido de la nada, estimemos que existe en el universo un factor pulsátil permanente.

Nuestro modelo sugiere que el RET es compuesto no solamente por gránulos, pero también por centros infinitamente pequeños, centros con actividad pulsátil.

Les llamamos Riens. Es una palabra francesa que en concreto significa lo que hay de más pequeño, hasta, al límite, significa que no hay nada.

Por eso, por su indeterminación esta palabra nos gusta. No sabemos de otra palabra en otro idioma con la misma incertidumbre. La Ciencia habla del Boson de Higgs, pero no lo vemos como idéntico.

Hay que introducir un postulado adicional:

Ga = Mu + RET + Riens (pulsátiles)   c=ça !

Pretenderemos que los Riens existen, pero el factor pulsátil podría ser solo una característica adicional de las paredes de los gránulos. Razonaremos como si están pegados en las paredes de los gránulos.

Necesitamos estos Riens; permiten conceptualizar más fácilmente los fotones y la electricidad.

Leímos que la teoría de la supercuerdas también encontró necesaria la introducción de un factor vibrátil. Estamos convencidos que no se trata de un plagiado por ellos; llegaron a esta conclusión independientemente, en ignorancia total de nuestras meditaciones...

A menos que hubo telepatía o que ambos grupos hemos usado clarividencia, percibiendo la Verdad, cada uno por su lado. ☺

Estamos bromeando pero hay que hacer un estudio serio de algunos fenómenos descritos en la sociedad, pero sin prueba satisfactoria para la Ciencia.

¿Dónde introducir este análisis? Admitimos una vez más que estos postulados introducen conceptos que tal vez son muy lejos de la realidad, una debilidad que compartimos con la Ciencia cuando habla de electricidad

Los diversos postulados permiten describir la situación. o magnetismo.

De hecho, no hemos visto la más pequeña descripción de las causas de las varias fuerzas. Todo lo que hemos visto es que la ciencia no logra juntar, unificar, reunir las fuerzas que reconoce.

Le escapa específicamente la atracción universal.

¿Tendrá más éxito el Modelo B? ¡ dudoso! El progreso del conocimiento se hace de error a error más pequeño.

La B-cademia goza de más libertad que la Ciencia, puede describir cosas sin preocuparse de la resistencia de los marcos y de los Científicos establecidos. Además no trata de describir el universo como está, sino averiguar si los datos entregados por la Ciencia se pueden integrar en un conjunto distinto.

La idea de Bohr que los átomos que constituyen la materia están hechos de un núcleo y de electrones era revolucionaria; era un paso pa'lante. Ahora se ha establecido que no es muy cerca de la realidad.

¿Para qué necesitemos el concepto de Riens?

Repetimos que para el modelo B, nada proviene de nada, todo proviene de algo. Si la energía que no tiene forma pone el gránulo a vibrar, es porque el gránulo tiene características vibratorias, lo dijimos, y añadimos porque el gránulo vibra sin cesar.

Con esto sugerimos que el RET entero está vibrando sin cesar. Esta vibración universal es síncrona, de lo contrario se detectaría.

¡Para que algo se note, se necesita que esté remarcable, distinto!

Cuando el cuanto penetra en un gránulo, aumenta la presión interna, lo que infla su volumen y aleja los Riens de este gránulo.

Otros escenarios son imaginables, pero el resultado será lo mismo. Los supercuerdianos están más preparados para describir todo esto.

Nos mantenemos con la noción de Riens, pequeños 'qué sé yo' que vibran. Dos Riens están alejados por el cuanto, en proporción con la intensidad de este cuanto.

Hay que hacer otro desvío, importante para soportar la noción que los cambios de presión en los gránulos tiene algún efecto sobre el ritmo generado por los Riens, y en términos más generales, en la velocidad de todo.

El número de componentes está subiendo, no sabemos que son, pero no importa para esta charla de aficionado-poeta. El número de componentes crece, o para copiar los términos erróneos de la Ciencia, el número de dimensiones sube de una línea presentada a la siguiente.

No hemos llegado al total fijado por la teoría de supercuerdas, pero nos estamos acercando. No son dimensiones, no más aquí que en el caso de la física, son factores de los cuales tres son dimensiones, medidas geométricas.

Pero basta de riñas, volvemos al asunto.

Este desvió puede ayudarnos a establecer si los Riens están alejados por el cuanto o al contrario si están acercados.

9. El átomo

Vamos por un instante hacia el átomo que nos ofrece una imagen sencilla de la influencia de la compresión de gránulos en la velocidad de movimientos de objetos. Decimos 'objeto' porque lo que nuestra experiencia nos lleva a conocer como objeto se comporta como tal, aunque en realidad no es más que corrientes complejos en el RET.

Nos limitamos con la descripción de Bohr: no vale la pena avanzar más, no estamos en física.

Volvemos a la cajita de inicio:

Al centro del átomo, el núcleo. El más sencillo núcleo, él de hidrógeno, está formado de un protón único de masa 1 y de carga eléctrica +1.

Estamos en un universo encerrado: Oom.

Vimos que en definitiva las partículas, de hecho, están compuestas de cuantos, cuantos que se liberan en las explosiones atómicas, algunos en forma de fotones, y otros en presones: el soplo de la explosión. Es decir que se encuentra en estas partículas una importante concentración de cuantos mantenidos juntos de varias maneras sin duda.

En las partículas de tres dimensiones, les cuantos no se comportan como en el fotón: no huyen, al contrario se apisonan, se mantienen relativamente en la misma distribución, moviéndose en grupos.

Estos gránulos se están aplastando entre sí por las fuerzas nucleares, la S en particular. Estas fuerzas les hacen ocupar un volumen inferior al volumen que ocuparían si libres.

Podemos observar al pasar que los cuantos, energía dinámica, inflan los gránulos pero que las fuerzas nucleares, al contrario los compriman. ¿Dos tipos de fuerza?

Estos asuntos se harán más claros si hacemos un desvió adicional.

10. Gluones

Alrededor del núcleo de átomo existe una zona de frenazo intenso. Cuando trataron de romper el núcleo para ver lo que tenía en la barriga − la descripción de Bohr se para al exterior − descubrieron que nada cruzaba las capas exteriores de electrones; imposible hasta de tocar el núcleo.

La intensidad de esta zona de frenazo aumenta con la masa del átomo.

Desde Einstein Física describe una influencia sobre la materia y sus desplazamientos, influencia del Continuo Espacio-Tiempo. Esta noción es bastante cerca de nuestro RET, sino que el Continuo es un conjunto de influencias, de fuerzas, cuando el RET es concreto, una asamblea de gránulos.

Para le Continuum como para el RET, la presencia de masas tiene un efecto sobre las velocidades de lo que se mueve y sobre el tiempo local. Las imágenes que nos presentan para concretizar el concepto de Continuo y de sus efectos enseñan que cerca de las masas este Continuum está estirado.

En nuestro modelo, el RET está estirado de la misma manera cerca de masas, pero ya que todo es continúo, ya que no hay zonas vacías, si el RET está estirado en algún lugar, **será por ser comprimido en otro**.

En otras palabras tenemos que imaginar un tejido elástico: lo pellizcamos en un punto y alrededor de este el tejido está estirado, y cuanto más por ser más cerca.

Ya que el espacio entero está ocupado por Ga, ya que Mu es incompresible e inextensible − como el agua − lo estirado son los gránulos: sus volúmenes aumentan en proporción de sus estiramientos. Más cerca del núcleo, más largos.

Entonces la zona de estiramiento es zona de frenazo. En esto el modelo B copia el Continuum.

Y zona de estiramiento significa que también se encuentra una zona pellizcada... ¡esa tiene que ser el núcleo mismo!

Kein Stein – la teoría

Si el RET está estirado alrededor del núcleo será por ser

concentrado, **apretado** en este núcleo.

Tenemos que ver esto de más cerca.

Vimos más temprano que la destrucción total de la materia libera en fin de cuenta fotones y nada más. La física todavía no lo ha logrado, pero el modelo B lo afirma así que, como lo dice la Ciencia en muchos temas: ! (c=ça !) admitamos que no es más que un postulado, pero lo tratamos como lo hacen las ciencias, lo tratamos como verdadera innegable.

Entonces, en el núcleo la energía existe en forma de cuantos: en una multitud de paquetes.

Vimos que la energía puede tomar diversas formas, cuantos por ejemplo, y que los cuantos mismos pueden cambiar de forma, fotones de un lado, presones de otro que alteran la trayectoria de un electrón. Vamos a suponer que en el núcleo los cuantos existen pero que se manifiestan de otra manera que en movimientos.

Sin duda, las fuerzas nucleares – las más poderosas de las fuerzas del universo aprendimos – las fuerzas nucleares vinieron de algún lugar, y ya que, de otro lado la energía de los cuantos que formaron la materia no son visibles, se puede pensar que son cuantos que se cambiaron en fuerzas nucleares: nada más que otro avatar.

Tendríamos entonces

- Avatar 1: el fotón
- Avatar 2: presón, aceleración del electrón por ejemplo
- Avatar 3: compresión de los gránulos, fuerza S.

Hace falta entender como aprietan los gránulos, donde van los cuantos extraídos de estos gránulos, cómo se forma el núcleo. Están comprimidos por ser acercados a la fuerza.

La B-cademia usa una lógica elementaría en todo. Para que se acerquen dos cuerpos es necesario

- O que se encuentran en planos inclinados y sometidos a la gravitación por ejemplo
- O que estén acoplados entre sí por algún lazo y que este lazo se acorte
- O que al menos uno de estos crea un vacío, una succión del otro
- O por capilaridad.

La Ciencia académica no se crea tal inquietud: las cargas eléctricas de mismo signo se repulsan, la de cargas opuestas se atraen…. ¿Cómo? ! (c=ça !)

Y aquí, en el caso de la compresión de los constituyentes del núcleo del átomo, nos encontramos en presencia de una fuerza negativa: los diversos componentes del núcleo tratan de acercarse uno del otro, con mucha fuerza, mucha energía.

La Ciencia dice que es el efecto de la fuerza S : ¡bien! ¿pero como se aplica? ¿una fuerza de succión?

Tenemos, pues, de un lado un núcleo de energía de origen cuántica y por eso asociado a los gránulos, y por otro lado un estiramiento del RET alrededor de este núcleo. Mencionamos que los cambios de presión se comunican de un gránulo a los demás.

Ya que en el núcleo los cuantos son acercados y ya que no existen en libertad, libres de envoltura, podemos pensar que los que están acercados son los gránulos, al menos durante el corto tiempo cuando contienen un cuanto. Si los gránulos están acercados en un lugar, sus vecinos están estirados y así el núcleo crea a su rededor una zona de tensión del RET.

Pero no podemos escapar tan fácilmente que la Ciencia, tenemos que tratar de explicar

1. Porque los gránulos que se quedan a distancia uno del otro en todo el resto del espacio, se acercan aquí
2. Porque la fuerza nuclear no va más lejos, sin apretar los protones más.

En ausencia de objetos los gránulos se mantienen alejados en el resto de universo, en equilibrio, pero cerca del núcleo y en el núcleo es lo opuesto que pasa.

La física estableció que la fuerza nuclear, de hecho, es un derivado de una fuerza todavía superior, la que junta los quarks, elementos de los núcleos que la física aparentemente no ha logrado destruir y por eso considera como estructura de base de la materia. El Modelo B no acepta esta conclusión. Estamos seguro que la Ciencia lograra destruir los quarks totalmente, enseñando así que todo, finalmente es derivado de los fotones, como lo afirma el modelo B.

Se ve como más probable todavía ya que en los últimas semanas de 2015 se cree que ha sido detectada una nueva partícula que no se sabe integrar en la descripción del átomo.

Bueno, en el curso de la redacción del texto, volviendo a leer todo, la Ciencia hizo un nuevo descubrimiento: la famosa partícula nueva que acabamos de mencionar ha sido borrada: no existe dicen los investigadores que analizaron los datos de más cerca…

La fuerza principal originaría, la que une los quarks, vendría de gluones… pero no han sido aislados… solamente se sabe que algo tiene este efecto.

Le rogamos al lector común perdonarnos por todas incursiones en dominios científicos, pero de no hacerlo lo haría demasiado fácil para los informados abandonar la lectura hasta sin reírse.

Casi hemos terminado con el núcleo.

Con muy poca satisfacción… el misterio del pegamento de los cuantos en el núcleo no nos parece cerca de descubrimiento.

No estamos más cerca que la Ciencia sobre este tema, es decir que estamos muy lejos.

Tal vez, siguiendo con este texto, por meditación automática, nos alumbrará la verdad.

La zona de frenazo rodeando el núcleo puede ser cruzada si el proyectil es suficientemente rápido y poderoso.

Es nuestra opinión que también los cuantos tienen sus propias capas de protección contra sus vecinos, razón porque no se cambian perdiendo o ganando energía.

Probemos varios escenarios, cada uno con sus debilidades, pero al final el cielo escuchó nuestros llantos y la explicación, la buena explicación nos saltó en los ojos... se la divulgaremos... esperen.

Les ahorremos la descripción de los varios postulados que avancemos.

Esta explicación nos empuja a cambiar algunos de nuestros postulados, pero no al punto de borrarles. El lector se beneficia siguiendo nuestro itinerario, los asuntos se aclaran, nítidos en su mente.

Pero no abandona simplemente porque uno u otro postulado le parece absolutamente falso.

Quedamos en el núcleo y pensamos al mismo tiempo en los gránulos y a la fuerza nuclear principal.

11. Características del gránulo

La fuerza nuclear comprime los gránulos y por eso comprime todos los constituyentes del núcleo. Aprendimos que esta compresión tiene un límite universal – todos los nucleones tienen el mismo tamaño. Física habla de fuerza S que cambia de dirección pero eso parece un concepto complicado.

Gracias al Cielo, el Modelo B permite una explicación que, al mismo tiempo refuerza el concepto de gránulo.

Hablemos del gránulo indicando que tiene una vaina; sugerimos que tenía características concretas, componentes. Pensamos ahora que esta envoltura no es más que eso, la capa superficial, pero que el gránulo tiene un contenido distinto.

El cuanto no es más que energía dinámica, sin dimensiones, pero el gránulo tiene componentes. El cuanto agita, infla el gránulo en proporción de su intensidad.

Las características de la fuerza nuclear nos permiten confirmar que el gránulo está lleno de algo. Es compresible, pero solo hasta un punto y es por eso que la fuerza nuclear parece cambiar de dirección.

La fuerza nuclear comprime el gránulo hasta que esté igual a la resistencia a la compresión del material interno del gránulo.

Es esta resistencia, el límite de la compresibilidad del contenido del gránulo, que explica porque la fuerza S deja de comprimir los nucleones.

El cambio de efecto de la fuerza S es la prueba que hay gránulos y que tienen un contenido. Este comportamiento de la fuerza S soporta el concepto de gránulo.

Con esto, este concepto es más que un postulado.

Resumamos: el gránulo tiene constituyentes y características.

- Tiene un contenido cuyo volumen aumenta bajo la influencia de cuantos, contenido que es compresible hasta un punto.

En el fotón, el cuanto sale de un gránulo para penetrar entero en otro sin dispersión entre ambas ubicaciones. En el caso de formación de materia, los cuantos parecen vaciarse de todo residuo energético, parecen aplastarse hasta el límite de compresión.

Otra revisión: este aplastamiento es la razón del estiramiento del RET alrededor del Núcleo.

¡Se queda por encontrar la causa de todo esto, y el proceso!

Ya hemos terminado con el Núcleo del átomo, y de hecho con el átomo.

Ahora tenemos un Universo adentro de que el RET presenta irregularidades, más tenso, más extendido cerca de masas, más relajado en el resto del espacio.

Todo esto significa que en los objetos, en el núcleo en particular, le RET es muy comprimido. En ellos el volumen de los gránulos individuales está reducido, reducción independiente del tamaño del núcleo.

Cerca del núcleo el RET está muy estirado, y por lógica, este estiramiento disminuye a medida del alejamiento del núcleo.

Hagamos una vueltita del lado de la relatividad general: lo que acabamos de decir sobre el efecto de la masa del núcleo sobre el estiramiento de los gránulos se aplica también a nivel macroscópico de la Tierra por ejemplo. Aquí también, en la Tierra, los gránulos están fuertemente comprimidos, y alrededor del planeta están estirados, más estirados cuando más cerca del suelo.

Para mejorar la comunicación diremos Tierra cuando hablemos de nuestro planeta, y Cielo por lo en altitud. No demasiado lejos: nuestro 'Cielo' no es muy lejos de la Tierra, no es el Espacio. Otras propiedades del espacio y de su contenido intervienen que limitan la relajación del RET.

Hablaremos de esto, sin duda.

Podemos entender, pues, que el estado de relajación o de estiramiento del RET en un punto Ax del Cielo depende de la distancia entre la superficie de la Tierra y este punto. El estiramiento disminuye a medida del alejamiento de la Tierra.

Todos conocemos las formulas: dejémoslas a los bachilleres.

Lo importante para nosotros es entender el lazo concreto, mecánico entre esta elevación del punto Ax y el tiempo. De hecho, nuestro modelo da una imagen concreta del Continuo Espacio-Tiempo.

Se nota, al pasar, que en el Modelo B, lo que dice la Física ser concreto no es más, de hecho, que ondas circulando en Ga. Las únicas 'cosas' que tienen consistencia son los gránulos del RET y Mu. Tal vez se debe sumar los cuantos a esta lista.

A nivel de la superficie de la Tierra, los gránulos están más estirados: sus volúmenes son más largos, y están menos numerosos por unidad de volumen: la densidad en gránulos del RET está baja.

En el punto Ax, el RET está más relajado, los gránulos están más relajados, más aflojados y por eso sus volúmenes individuales están más pequeños: en el punto Ax, la densidad en gránulos del RET está más alta que en la superficie.

Según la relatividad general y según las medidas científicas, el tiempo corre más rápido en Ax que en la superficie de la Tierra. Esta relación la estableció Einstein y ha sido verificada experimentalmente.

El tiempo indicado por los relojes que se encuentran en aviones volando está adelantado en relación con el tiempo en el suelo.

Eso lo llaman 'dilatación gravitacional del Tiempo'.

En otras palabras: el Tiempo local depende inversamente de la densidad en gránulos del RET. Cuando más alta la densidad, más rápido fluye el Tiempo.

En el Cielo, los gránulos están más pequeños y por eso el tiempo local es más rápido.

Ya que nos estamos interesando en estos efectos, veamos si la compresión de gránulos por la gravitación tiene otros.

12. Densidad granular y frecuencia

Para evitar de caer en la física, usemos hechos conocidos. Vamos a ver que indica la experiencia de Pound-Rebka.

En esta experiencia dos fuentes luminosas emiten la misma longitud de onda. Para facilitar la comunicación exageraremos. Una luz roja está emitida en lo alto de una torre, la otra emitida a nivel del suelo.

Se observa que la luz emitida Roja en lo alto no tiene la misma frecuencia al llegar en la tierra. Su frecuencia subió. Exagerando, diremos que llegó azul.

Hay un deslizamiento hacia el azul de esta emisión a medida que entra en una zona más cerca de la tierra, y para ponerlo en nuestros términos, cuando pasa a una zona de baja densidad en gránulos del RET, cuando entra en un área donde los gránulos son más estirados, más gordos.

Al inverso, una onda azul emitida del pie de la torre llega Roja en la cima donde la densidad en gránulos del RET está más alta, donde los gránulos son más pequeños. Hay un deslizamiento hacia el Rojo.

Eso lo confirman experiencias.

Al parecer la teoría de la relatividad concluye que hay un incremento del cuanto a medida que se aproxima a la superficie.

En nuestra opinión no hay alteración del cuanto sino cambio en la manifestación del cuanto.

Tenemos un postulado importante que afirma que los cuantos son fijos.

Ya que nos permitimos contradecir Einstein, necesitamos explicar las observaciones de otra manera.

En el modelo B, hablemos del tamaño del fotón. El tamaño del fotón es la distancia entre los Riens desplazados por su cuanto.

A ver si se puede soportar esta opinión.

Lo importante para el seguimiento de nuestras reflexiones es establecer si hay una relación entre la frecuencia del fotón y la densidad local en gránulos del RET.

La baja de esta densidad causaría un aumento de la frecuencia del fotón.

La razón de esto, para el modelo B, es que el tamaño, la distancia entre los Riens que causan el fenómeno electromagnético, el tamaño depende de la expansión del gránulo que soporta estos Riens.

Esta expansión depende en parte de la presión interna causada por la intensidad del cuanto, y en parte del tamaño de este gránulo por el efecto de la gravitación.

Decimos que el cuanto aumenta la presión en el gránulo y que este aumento infla el gránulo, cambia su tamaño, lo engorda. Esta observación nos abre nuevos horizontes. Antes de lanzarnos de este lado, seguimos con la descripción del fotón.

La frecuencia del fotón depende de la distancia entre los Riens que vibran. Esta distancia está necesariamente más larga en las áreas donde los gránulos son gordos, región de baja densidad en gránulos.

Entonces vemos dos factores complementarios que afectan la frecuencia del fotón.

- La distancia entre los Riens causada por la densidad granular local, el tamaño de los gránulos
- La distancia entre los Riens por la intensidad del cuanto.

Al acercarse a la Tierra, el cuanto del fotón Rojo de la cima no resulta alterado, pero ya que pasa de un área progresivamente menos densa, una zona donde los gránulos son más gordos, aumenta la distancia entre los Riens que él está excitando y por eso aumenta la frecuencia emitida. Esto es el deslizamiento hacia el Azul.

Insistimos: para el modelo B, no aumenta el cuanto, no hay más que cambios en su expresión. El único factor determinando la frecuencia del fotón es el tamaño del gránulo que está excitando, su volumen, volumen que depende de las condiciones locales del RET y de la intensidad del cuanto

Para el modelo B, lo que determine la frecuencia del fotón es la distancia entre los Riens.

Se observa lo mismo estirando más o menos las cuerdas de instrumentos de música, y es lo mismo para las cuerdas vocales.

¿Qué está estirado? ¿El sobre del gránulo? Pregunta adicional que dejaremos sin contesta. Limitar las derivas.

Nuestra concepción del fotón está válida; no falta más que algunos detalles.

Tamaño del fotón = f(energía del cuanto) y f(1/densidad del RET)

Tamaño del fotón = f(energía del cuanto) y f(tamaño del gránulo)

La frecuencia del fotón depende de su tamaño.

Tenemos que profundizar la noción de fotón. Hay que hacerlo bajo varios ángulos. Anda: uno tras el otro.

La curvatura del espacio-tiempo, para usar los términos aprobados, o, para usar nuestras palabras, la natura del RET tiene efectos universales. Estos efectos empiezan a aglutinar los gránulos desde la formación de la primera estructura, desde la primera organización de una energía dinámica que, sola, no tiene forma, desde la primera materialización.

¿Cuál era la primera forma?

Las religiones y especialmente Génesis afirman que la primera manifestación fue la luz. Pero ¿podemos decir que la luz, el fotón tiene una forma?

¿Por qué introducir creencias más o menos míticas? Bueno, introducimos las creencias de la Ciencia o ¿no? ... que son también ellas actos de fe.

La física en general y la mecánica cuántica en particular afirman que el fotón no tiene ni forma ni dimensiones reales. Pero nuestro modelo describe un universo cerrado, y ya que el fotón se mueve en línea recta y tiene una identidad, tenemos que reconocerlo características geométricas.

La prueba que el fotón tiene dimensiones es que su trayectoria está desviada por los campos gravitacionales. El fotón es un disco plano, perpendicular a su camino. El fotón enseña así que tiene al menos dos dimensiones.

Además el fotón altera el tamaño del gránulo donde está. ¿no es eso una dimensión?

Decimos 'campo gravitacional', pero debemos recordarnos que en nuestro modelo los efectos de la gravitación son causados por diferencias de volumen de los gránulos.

En el Modelo B no hay ondas abstractas, ni influencias por campos o por intervenciones divinas.

Según nuestro modelo, el modelo B, la energía dinámica se mueve en pedacitos de todo tipo de tamaño, y con todo tipos de velocidades. De hecho, no cualquier velocidad, porque cuando la energía está contenida en un 'objeto', no puede superar ni hasta alcanzar la velocidad de la luz, y cuando está en un fotón, se mueve a la velocidad de la luz, una constante universal.

Hay que seguir más hondo todavía.

Acabamos de mencionar la velocidad de la luz, y así llegamos de nuevo al fotón.

La situación se complica. ¡tantos efectos!

Describimos el efecto de la gravitación en la velocidad local del flujo del tiempo. Veamos de un poco más cerca este aspecto de las fuerzas presentes.

Gránulo gordo, tiempo estirado, frenado podemos decir.

Y a consecuencia, los relojes en un satélite en órbita a alguna distancia de la tierra están rápidos en comparación con los del suelo. Cuando más larga la distancia, más importante la diferencia.

Vimos que la energía dinámica de los cuantos aumenta el tamaño de los gránulos, y que la energía gravitacional tiene el mismo efecto.

La energía de algunas fuentes distintas de la gravitación parece tener un efecto similar. Hay dilatación del tiempo asociada a desplazamientos. Eso lo había predicho Einstein y experiencias lo confirmaron.

Todos relojes ralentizan relativamente a un observador inmóvil. Un viajero en el espacio envejecerá menos que la gente que se quedó en la tierra.

Volveremos a este tema cuando analizaremos la creación de fotones.

13. Electricidad, magnetismo

Sabemos cómo producir fotones : en todas circunstancias les producen saltos de electrones. Volveremos a esto.

¿Tiene una forma el fotón? Acabemos de afirmar que se puede decir que sí. ¿Cuál? ¿Es una partícula o una onda? O como dice la Ciencia ¿ambas cosas?

A ver.

El fotón es una onda electromagnética... ¿Qué quiere decir esto? ¿la electricidad, que es? ¿y el magnetismo?

La Ciencia describe sus efectos, pero ni una palabra sobre sus orígenes o sus maneras de actuar. ¿de que manera logran dos partículas de carga opuesta atraerse?

C=ça ! dice la Ciencia.

Para que se acerquen dos objetos se necesitan desniveles, o ganchos y sogas juntándoles. Pero aquí no hablemos realmente de objetos, sino de zonas vibrantes.

Según los postulados del Modelo B, la electricidad de hecho es una vibración perceptible, una onda móvil causada por energía dinámica – cuanto – onda fuera de fase con las vibraciones naturales, perpetuas y universales de los Riens en el RET entero.

No tenemos la menor idea de cómo la onda alternativa del fotón se fija en señal positivo o negativo en partículas de materia, en los protones, o sea positrones y electrones.

Es otra investigación que les dejemos a los científicos y matemáticos. Lo que describe el Modelo B es que, positiva o negativa, la polarización de la electricidad no es más que juego de fases. Cuando los objetos vibrantes están en fase, se alejan, se empujan, cuando en oposición de fase se acercan, se atraen.

Todo eso ocurre porque las vibraciones tienen lugar en un medio continuo, el Ga.

En cuanto al magnetismo, el asunto es un poco más sencillo. El magnetismo es causado por el desplazamiento de cargas eléctricas en el RET.

Es un fenómeno algo parecido a lo que se observa en los autobuses en movimiento. Todos hemos observado que el cristal posterior de los buses está cubierto de lodo. Avanzando, el vehículo levanta polvo. El hecho que este polvo se pega en el cristal posterior indica que este polvo avanza más rápido que el autobús. El movimiento de este vehículo crea un pequeño huracán entrenando el aire ambiente. El eje de este torbellino es vertical, perpendicular a la trayectoria y perpendicular a la fuerza de gravitación. El polvo se levanta y se mueve arriba y hacia el bus.

Esta corriente de aire es parecido a lo que causa, en el RET, el movimiento de cargas eléctricas.

Anule la carga eléctrica o evita de moverla y el magnetismo desaparece.

Sheldon hubiera podido evitarse el viaje al polo y la humillación que siguió.

Los especialistas de mecánica ondulatoria no lo encontrarían difícil describir todo esto como se debe.

14. Fotón, refracción, forma del fotón

Desde Einstein hace un siglo, todos sabemos que el fotón se comporta al mismo tiempo como onda y como partícula. Eso, para nosotros, es la prueba que Oom es bastante similar a la lavadora cuyo contenido es Ga.

Concebimos este modelo en los años sesenta – estamos convencidos que otros publicaron ideas similares antes y después – y describíamos en él un lugar donde el universo parece de una lado ser un tipo de líquido, Mu, en lo cual bañaría una red sólida, llamada Red Espacio Tiempo. Según este modelo en su formato actual, la energía circularía entre gránulos en tamaños limitados – los cuantos. Cuando los cuantos están en su forma de fotones, causan en el RET ondas secundarias, fuera de los gránulos: el fenómeno ondulatorio.

La diferencia con el modelo académico es que este describe un tipo de espuma cuántica que atravesarían partículas y objetos cuando nuestro modelo B describe que estas partículas y objetos no son más que manifestaciones de energía moviéndose adentro de los elementos 'sólidos' de tal espuma.

Éramos totalmente conscientes, y lo escribimos que el RET no era una estructura sólida, rígida, ya se lo hemos dicho en este texto. En algo rígido la luz no alcanzaría todos los rincones. Por esto estábamos a la merced de descubrimientos posibles por la Ciencia, o por nuestras meditaciones.

Inmovilizados en este punto, no nos quedaba más que esperar que nuestra curiosidad nos entrena de nuevo en este dominio, o que la Ciencia lo resuelva todo.

Fotón polarización, fotón oval.

Se puede ya encontrar una información sobre el fotón en su forma de partícula.

Si estamos de un lado de la piscina y el sol del otro, la luz deslumbra: al parecer toda la luz está reflejada. Sin embargo, si nos metemos la cabeza en el agua, vemos que la piscina está iluminada bajo la superficie.

A eso lo llaman polarización de la luz.

De la misma manera, si usamos gafas de cristales polarizantes, la reflexión desaparece: ahora podemos ver si nuestros hijos que se había ido de nuestro campo visual están bajo el agua ahogándose o si, más sencillamente se habían marchado para jugar un poco más lejos, lo que no necesariamente es mucho más tranquilizante.

El hecho que la luz se comporta así nos lleva a pensar que está compuesta de diversos tipos de fotones y que la superficie del agua no es uniforme; se puede imaginar que la superficie del agua presenta ranuras y que la forma del fotón no es un círculo.

El lector debe tomar en cuenta que todo esto es simbólico; la Ciencia lo explica de manera distinta, pero de esta opinión no están enterados los fotones.

Algunos fotones estarían bastante paralelos a estas ranuras y por eso penetrarían el agua sin dificultad, los demás estarían en ángulo recto, perpendiculares a estas ranuras y rebotarían, causando el deslumbramiento.

La polarización parece enseñar que los haces luminosos están compuestos de fotones de varias orientaciones, que los fotones de verdad tienen una forma, que son oval.

Esta conclusión, la forma del fotón, coincide con el modelo B que indica cómo se forman los fotones a partir de desplazamientos de Riens, dos por dos. Mantendremos nuestra descripción. Hace mucho que repetimos que la polarización lleva a creer que el fotón es oval.

Dice la Ciencia que la primera manifestación concreta, material de la creación es el fotón.

Para nuestro modelo, es probable que el fotón no avance en línea recta. Los gránulos no son alineados, no es solamente que el cuanto salta de un gránulo al siguiente, lo hace de manera algo aleatoria. Es como la onda de choque de una bolita en un campo de bolitas. La energía avanza en zigzag: en el caso del fotón la trayectoria media del cuanto está linear por su aspecto ondulatorio y por la onda preparatoria en Mu.

Doctor Bruno Leclercq

(¿incertidumbre de Heisenberg?)

¿Onda preparatoria? Descubrieron que el fotón es acompañado, precedido por una onda que se desplace, pues, a une velocidad encima de la de la luz. Es lo que ha sido llamado '**onda subliminal**'. Este fenómeno es totalmente compatible con nuestro modelo; la onda subliminal resultaría del empujón causado por el fotón, empujón mecánico que crearía una onda en Mu.

Nos acordemos que la velocidad en Mu es más alta que la de las señales adentro de los gránulos.

En el gránulo la velocidad depende del estado de tensión local del RET y de las características del contenido del gránulo. La velocidad en Mu es independiente de todo factor; es prácticamente invariable.

El cuanto irá hacia la zona más estirada, probablemente la que la onda subliminal preparó, pero también por el efecto de la onda mecánica alterada por la presencia de materia... refracción, difracción. No iremos por este camino.

Lo que más cuenta son las características del fotón 'partícula electromagnética', son mayormente estas que mandan. El aspecto ondulatorio es un efecto secundario.

El cráter, el fotón onda, el prisma

La onda es un círculo plano perpendicular a la trayectoria del fotón. Se debe al efecto mecánico de la progresión del cuanto. El cambio de volumen del gránulo se comunica físicamente a los gránulos vecinos. Este círculo fino que avanza a medida que avanza el cuanto, lo llamemos cráter.

El tamaño de este cráter depende de la frecuencia, de la energía del fotón. Como lo hemos dicho, la frecuencia del fotón corresponde a la ampliación del gránulo: cuanto más poderoso el cuanto, más alta la frecuencia y por eso, más grande su influencia mecánica sobre el RET que lo rodea.

Al cuanto más poderoso le corresponde un gránulo más gordo, a un gránulo más gordo le corresponde un cráter más extendido. Este cráter es la manifestación directa, ondulatoria, mecánica, concreta del fotón.

Ya que, por ejemplo, en cualquier zona, el fotón azul se debe a un cuanto más fuerte que aquel del fotón rojo, el cráter del azul debería ser más extendido que él del rojo.

El prisma es el instrumento que permite probar esta conclusión.

15. El Prisma

Cuando la luz blanca entra en el prisma o cualquier interfaz, su trayectoria se cambia y la luz se descompone en el espectro del arcoíris.

En todo medio transparente, cada color tiene su propia velocidad. En el 'Vacío' todas tienen la misma. Escribamos 'vacío' con comillas para no olvidar que en el modelo B como en el modelo cuántico no hay vacío. Para nosotros, en todos lados el Ga, para ellos el Espacio.

Estas diferencias de velocidad causarían la separación de los colores. Los fotones de cada color se desvían como si cada uno esperaba sus familiares. Así gira un tanque, retardando una oruga cuando la del otro lado sigue con la misma velocidad.

Esa es la versión oficial. Puede ser también que el diámetro de los fotones depende realmente de sus frecuencias y que la reemisión necesita que el cráter entero haya llegado al interfaz.

Tendríamos que pensar algo más hondo sobre eso del comportamiento del fotón, pero la Ciencia lo hace muy bien así que estimamos que no vale la pena corregir los errores que detectamos escribiendo.

El tema de este texto no pretende entrar en los detalles importantes ya bien claros. Pero nuestras sugestiones y términos dan una imagen concreta para el aficionado, lo que hace falta en el discurso oficial.

Sea lo que sea la realidad, el resultado es que todos los fotones del mismo color están desviados igualmente así que se forman haces distintos, un número de haces igual al número de colores presentes en este 'blanco'.

La imagen colorada obtenida por difracción por el prisma se llama espectro. Todas las fuentes luminosas, todos los átomos no emiten las misma frecuencias, los mismos colores. Se usa el espectro para identificar los átomos de cada fuente de luz.

Cada átomo emite un espectro característico y se cree que este espectro es una constante, que la luz emitida por el hidrógeno par ejemplo, hace millones de años solía ser idéntica a la luz emitida hoy.

Ya que el espectro de la luz de las estrellas no corresponde a lo que se espera, se habla de un deslizamiento del espectro de luz. La teoría del Big Bang y nuestro modelo tienen interpretaciones totalmente distintas de este deslizamiento.

Ya que la Ciencia no dice ni una palabra sobre el tamaño de los fotones, sobre sus cráteres, no insistiremos. No es muy importante para nuestro modelo. Afirmamos que los fotones tienen tamaños propios. Que participa o no el cráter en su reorientación por el prisma es otro asunto. Pensemos que los cambios de rumbo de los colores y sus consecuente separaciones soportan nuestra descripción.

Son estas diferencias de tamaño que explicarían la separación de los colores por el prisma. Cuando más extendido el cráter, más tiempo se necesita para que el fotón entero este sometido a los efectos del interfaz.

Para nosotros, los fotones tienen diversos tamaños y sus caracteres ondulatorios se los dan los cráteres. Ya que el fotón azul tiene un cráter más ancho que el fotón rojo, estará más desviado por el prisma.

La práctica demuestra esta predicción.

Doctor Bruno Leclercq

Nota:

Para reducir el costo de publicación las ilustraciones que hemos presentado en color salen en blanco y negro en el libro.

Para compensar esta realidad económica inventé el proceso QocoloR. En él la imagen en blanco y negro está acompañado por un código QR, el cuadrado lleno de puntitos. Usando un lector de este código la imagen a color le aparece.

Dado que mucha gente tiene teléfonos celulares con muchas posibilidades, es probable que la mayoría de los lectores verán los colores como están.

Si no sabe cómo hacerlo, pídele ayuda a cualquier joven de diez años, ellos lo saben todo.

Estamos buscando el patente de este proceso que mejorará las obras a color sin costo de fabricación adicional. (QocoloR Pat. applied for.)

Refracción por el Prisma

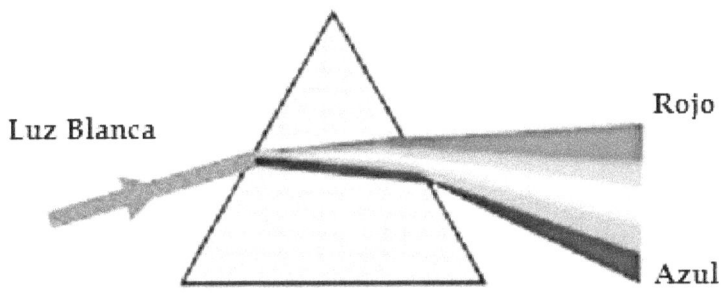

Al parecer, ¡sí! hay un cráter y es el responsable directo de la separación de los colores.

La separación no se debe directamente al alejamiento de los Riens por el cuanto, alejamiento que es la causa directa de la frecuencia de las ondas electromagnéticas.

Este alejamiento causa un aplastamiento de los gránulos cerca del gránulo bajo excitación, y es este aplastamiento que es el cráter. Es un aplastamiento alternativo que sigue las pulsaciones en el gránulo fotón.

En este análisis particular, el modelo B está bastante lejos del pronunciamiento de la Ciencia académica. Esta sección va en revés y provoca la paciencia de los especialistas.

Hay que recordarse que no hacemos que describir un universo posible: no es necesariamente una copia exacta de aquel donde vivimos.

Tentamos enseñar un Universo posible y mantenemos nuestra descripción a un nivel de esquema comprensible para la mayoría. A la Ciencia no le preocupa este cuidado.

16. Modelo B

Observemos que nuestro modelo B soporta el postulado que nada se mueve sino los Riens y las paredes de los gránulos que hacen un poco de vaivén; no se necesita, pues, de hecho al contrario, que haya espacio vacío en el Oom.

No vacío y no desplazamiento de partículas.

Repitamos que describimos un universo posible. El nuestro tal vez le parece, pero la Ciencia dice que no. Respetemos la Verdad oficial y sigamos nuestra descripción de un universo que, a lo mejor, no existe.

Insistimos sin embargo: ya que logramos explicar todo – bueno, mucho más que la Ciencia – sin apoyarnos en un vacío y en objetos en movimiento, podemos en toda seguridad concluir que es posible que estos no existen.

Se puede que el hecho que los Riens están alejados en pares idénticas puede ser parte de la teoría de las supercuerdas y la formación de cráteres causadas por sus limitados desplazamientos estaría la noción de 'branes'…. A lo mejor.

Tenemos que admitir que para este autor es muy difícil creer que la Ciencia académica se equivoque tanto en tantos puntos esenciales.

Aunque la noción de expansión, la de partículas puntuales son tan lejos de visiones de síquicos…tan irreales.

Nuestra conclusión es que nuestro modelo peca por simplificación y él de la Ciencia peca por su fe en la expansión del universo, en la existencia de partículas independientes que no ocupen ningún espacio, que se mueven y que, al final de los tiempos irán guardarse pacíficamente en una 'singularidad'.

Es posible, también, que la noción de Riens no corresponde a nada concreto, que esté un fenómeno especial que aparece cuando un gránulo está sumido a una aceleración fuerte – el martillazo, el salto de trayectoria del electrón.

Los matemáticos describirán todo esto cuando se encuentran algunos que piensan que vale la pena darle un vistazo la modelo B.

Es posible también, hasta probable que el gránulo esté un fenómeno y no una estructura absoluta. El gránulo, según el modelo B, tiene una substancia, y por eso, necesariamente está compuesto de 'cosas' mucho más chiquitas…. La investigación resuelve algo y crea preguntas nuevas.

Para nosotros, todo ocurre como si existieran los Riens así que seguimos. c=ça !

17. Creación: ¡la Bofetada!

Afirmamos que la Creación empezó cuando algo entró en contacto con el Oom.

Este 'algo' lo llamamos '**El OTRO**'. Este símbolo podemos simplificarlo, llamarlo '**L**' por ejemplo y pronunciarlo '**Ele**' lo que le gustaría a muchas religiones… también llamarlo '**A**' si se revela que es el principio de todo.

Tendríamos entonces, antes de la Creación, de un lado Oom esperando que lo despierten, y A.

Eso nos entregaría **A-Oom.**

La pareja que es la causa y el todo de nuestro universo ¿estaría A-Oom?

Tal vez no tendremos que volver a hablar de esto.

Sin embargo, ¿no debemos indicar algunas de sus características? Hay que hacerlo porque, sin duda algunos verán en este OTRO un Dios Creador. Todos tenemos en la mente el dedo de la obra de Miguel-Ángel.

Es por este choque que entró en Oom toda la energía dinámica que hace nuestro universo. Se puede pensar que este **OTRO** era de tamaño considerable, o, al menos, que estos dos cuerpos del Vacío se movían con muy alta velocidad relativa.

Se puede suponer que el **OTRO** no penetró en Oom:

- Si hubiera entrado y salido inmediatamente, pudiera haber llevado consigo una parte importante de la energía cinética, limitando así o hasta prohibiendo la creación en Oom
- O sino, había entrado, no hubiera salido…. Pero tenemos la casi certeza que la Astrofísica lo hubiera ya detectado.

Pensamos que 'no detectado' significa 'ausente'. Es una información negativa, es una prueba débil, pero en este caso, excepcionalmente, aceptaremos esta conclusión de la Ciencia.

Este **OTRO** podría ser pegado al Oom, aumentando la masa. Es posible pero ninguno de los visionarios dijo que aumentó la masa del universo cuando arrancó la creación.

Pero, ¿hasta qué punto podemos confiar en estos visionarios?

Finalmente, última posibilidad, es posible que este cuerpo adicional se haya quedado fuera del Oom y que el contacto se haya interrumpido inmediatamente, un rebote.

Es lo que ocurre en los juegos de bola. La bola lanzada cae en el blanco, este blanco está eyectado y la bola del lanzador toma su lugar. Es también lo que se ve en el péndulo de Newton.

Sobre este punto numerosas son las descripciones mitológicas:

Ra abandonó el mundo donde el comportamiento era abominable, o después de un engaño por su hija que deseaba tomar el control.

Civa se irritó contra su creación y se alejó.

Los primeros dioses griegos hicieron lo mismo…

Mencionamos todo esto por el placer de darles algo de reconocimiento a estos visionarios, los verdaderos pioneros de la investigación sobre la Natura y la historia del universo.

Los visionarios, profetas y otros que siguieron alteraron estas descripciones para ajustar la enseñanza a los prejuicios sociales del día y sus preferencias personales. Es así que – un ejemplo entre muchos – la descripción de la creación en el primer capítulo de Génesis es muy distinto de la del capítulo dos.

En el capítulo primero Elohim hizo al mismo tiempo el hombre y la mujer; en el segundo él cambia de nombre, hace el hombre, luego los animales y al final la mujer de la manera que todos conocemos: cuento bastante sexista.

Quedémonos por un instante en los visionarios antiguos: hablan de un

Kein Stein – la teoría

Dios creador que se aleja de su obra – ¿estos dioses hubieran existido en Oom antes del mundo material?

Sí, es lo que dicen la mayoría de estos cuentos.

Pero volvemos a la ciencia de la B-cademía, ¿confirmaría estos mitos?

18. Ze Big Bang y la singularidad

Veremos estos detalles en otro lugar, pero tienen sus asientos aquí también.

La teoría principal de la Ciencia académica es que la Creación empezó por un 'Big Bang', una fuerte explosión.

Por razones que describamos luego, la Ciencia considera que es probable que el Espacio y la Energía solían estar ensilados, comprimidos, ahorrados en una 'singularidad', de que no sé si es un lugar. Nos ahorraremos las descripciones, justificaciones y críticas.

Al instante del Big Bang, el Espacio y la Energía están liberados. El Espacio se extiende y de hecho, aparentemente sigue extendiéndose ya que se considera – la Ciencia considera – que el Universo está en expansión, en otras palabras que el Espacio crece.

En todas estas descripciones, la Ciencia considera que el Espacio es un tipo de substancia y no un vacío. Desde el principio de este texto mencionemos la noción de 'espuma cuántica'.

Por alguna razón que desconocemos, nadie habla de un vacío pre-existente, vacío indispensable ¿no les parece? en una teoría expansionista. ¿en dónde se expandiría el Espacio si no había vacío rodeando la singularidad?

¿Cómo llamar este vacío ausente de la descripción de la Ciencia?

Todo esto, para el Modelo B es absurdo o herejía.

Para el Modelo B el espacio donde se desarrolla el Universo es el interior de Oom: un volumen fijo.

Sigamos. Observaciones astronómicas bastante recientes encontraron que el Espacio se expandió más rápido que la energía que lo invadió. En otras palabras, la velocidad del desplazamiento del Espacio es superior a la velocidad de la luz – la más alta velocidad en el mundo material. En otras palabras, para la Ciencia, el Espacio se expande y la Energía se extiende en él con algo de atraso.

Kein Stein – la teoría

Nosotros de la B-cademia descartamos absolutamente la Teoría del Big Bang y de la expansión – defenderemos nuestra posición pronto –pero desde ahora aceptamos los hechos observados. Aceptamos entonces que hubo una onda que apareció y se extendió antes de la formación de los primeros fotones, onda que se movió con una velocidad superior a la de la luz.

Para nosotros esta onda que se desplaza más rápido que la luz es una ola generada por el choque entre Oom y el OTRO. Esta onda se expande en el Ga entero como lo hace cualquier onda en un medio propicio, círculos en el agua. La energía que entró en Oom no tenía forma, los fotones no habían aparecido todavía, no habían sido formados.

Es posible que sea esta onda que detectaron, puede ser la agitación de Mu que así reveló la presencia del RET.

Cuando entramos en una habitación totalmente oscura y que prendemos nuestro foco – si emite un haz limitado la demostración es más clara – muebles aparecen donde no se veía nada. Desplazando el haz, otros objetos se juntan a la colección. No es la luz que crea estos objetos; la luz no hace más que revelar los objetos presentes.

Pueden creer que tomamos el lector por una mente simplista, pero la interpretación de una Onda 'Espacio' tal que presentada por la Ciencia Académica nos enseña una falta de reflexión. La onda detectada no es una substancia – el Espacio – que se mueve, se expande; es una onda que reveló que hay algo en todas las direcciones, algo anterior a la creación, algo que puede soportar la energía dinámica.

De hecho, para soportar las creencias de la Ciencia, diremos que lo que ha sido detectado en este principio es el Espacio en el sentido que le dan a esta palabra, Espacio que se encontraba en todos sitios antes de cualquier creación, Espacio que la agitación primera expone.

Indicamos desde el principio que para nosotros la energía necesitaba un soporte para manifestarse. El hecho que una ola puede ser observada es prueba que hay un efecto, algo que le pasa a algo que se encuentra en el espacio entero, espacio que ocupa todo el Oom, algo que puede soportar la energía de la primera ola.

Es el Ga entero que está agitado, es el RET que está detectado, substancia sin organización, libre de cuantos y sin luz ya que el fotón todavía no ha aparecido.

No es creación, no es expansión, es la revelación de la presencia de un substrato, del RET en el Ga.

Podemos ahora volver a instalarnos confortablemente en el Modelo B.

Podemos concluir que lo que entró en contacto con Oom, introduciendo en él bastante energía para construir la creación entera, creación de la cual no somos más que pedacitos ínfimos, esta otra cosa, este OTRO rebotó.

Las observaciones de la Ciencia soportan:

    La existencia de una onda primera invadiendo el Espacio entero (Oom) antes que haya luz

    Que su velocidad era superior a la de la luz

    Que hay un Ga que ocupa el Oom entero antes del BB,

¿Por qué no leer Bob en lugar de BB? Es más fácil, más corto y más simpático.

No lo escribiremos porque no se ve serio, pero el lector puede hacerlo leyendo, o hasta en conversaciones si las cosas avanzan bastante para que conversaciones nazcan alrededor de este modelo.

Luego, poco tiempo después, esta onda inicial crea el fotón. No sabemos lo que dice la Ciencia al respecto, y nada sobre las observaciones que ha hecho, si se preguntó algo....

¿Aparecieron los fotones primero en una zona específica antes de colonizar el Oom entero? O aparecieron simultáneamente en muchos lugares. Vamos a dejar esta pregunta a las científicos.

Este 'algo', este **OTRO**, tiene una forma. El área de contacto entre estos dos cuerpos tiene una forma, y la primera onda, Onda Una, - ¿**Alfa**? comunicaría esta forma al Oom entero. Ya que Oom es un espacio encerrado, no hay pérdidas de energía, sin embargo la onda puede perder algo de su intensidad, de su amplitud por diversas razones.

Con el tiempo, una parte de la forma de Alfa puede ir en los mensajes llevados por las varias partículas, hasta por los fotones.

Los haces de fotones se pueden modular, traer informaciones sobre los objetos y los eventos que son la Historia del Mundo, todos cambios que pueden ser el resultado del efecto de la onda Alfa, de su energía y de su forma.

¿Qué decir sobre este mensaje? ¿sobre la forma de esta onda?

El mensaje, su forma, ¿es la causa de todo? ¿Participa en la formación de la creación? ¿participa en la Evolución?

Esta primera onda generará armónicos. Estos armónicos disminuyen la intensidad de la onda sin alterar su mensaje, su forma.

La onda primera, Alfa, altera la distribución de los Gránulos, sus posiciones y tamaños absolutos, y esto antes de la formación de fotones, de materia, una influencia que se mantiene.

Más tarde está formada la materia, eventos ocurren, ¿guiados en parte por esta ola primera?

Hablaremos de todo esto.

19.   Modelo B, teoría mecanista.

La teoría mecanista de la B-cademia afirma que todos los eventos del Universo están relacionados de manera continua, mecánica, por lazos concretos.

Afirmamos que no hay ningún espacio vacío en Oom y que, en realidad, no hay objetos, nada que se mueve, aparte de energía dinámica más o menos en movimientos.

Nada concreto

Kein Stein: ¡ ni una piedrita! Ni roca, ni montaña...

El núcleo, lo que se piensa es lo más concreto,

>   actua como algo chupando, un sifón.

Nuestra teoría es mecanista: no hay campos como los de la electricidad o de la gravitación, campos diversos postulados por la Academia de Ciencias. Sus efectos son el resultado de las características del Ga y no de soportes abstractos.

Afirmamos que hay gránulos y que son elásticos. También hay el efecto de la gravitación que tenemos que entender.

Nuestra teoría también es geométrica por describir el espacio entero, sin dejar lugares vacíos. Es geometría en el sentido primero de la palabra: la descripción de la superficie entera y, en un mundo de tres dimensiones, la descripción del espacio entero: nada vacío, nada olvidado.

¿Deberíamos decir cosmometría?

Después de varias mejoras, de complicaciones - todavía no sabemos cómo explicar la gravitación, ni siquiera de manera rudimentaria, sino que se debe a una presión negativa en el núcleo – los cuantos se agregan en partículas con masa estable, y algunos en cargas eléctricas estables, electrones y positrones.

Las cargas eléctricas del fotón son alternativas, y nuestro modelo las describe bastante bien, pero las cargas eléctricas de las partículas, de los leptones, son fijas.

No nos lanzaremos en las especulaciones necesarias para explicar cómo logra manifestarse de manera continua la electricidad de los protones y electrones. No tenemos deseos de subrayar nuestra ignorancia más que lo inevitable. c=ça !

Insistimos: en el universo que describimos no hay nada sólido, nada más que arreglos de cuantos, expresiones temporarias de sus presencias en fotones o en partículas.

No hay forma de escapar de los puntos I. II. y III. establecidos al principio. Todo es fenómenos, cada 'cosa', cada evento es un fenómeno. Todo esto les deja mucho trabajo a los matemáticos de la Academia. Algunos son mejores pensadores que nosotros, y todos son mejor entrenados.

20. Evolución

Caos

Antes de la introducción de energía dinámica por BB, por Bob, Ga está absolutamente uniforme. Se puede suponer que todos los gránulos tienen el mismo tamaño. Están en todas partes, a granel, pero sin grumos. – Tohu Bohu.

Cuando la energía penetra en Oom, no tiene otro efecto que agitar el contenido entero de Oom. Ga está agitado: una agitación uniforme.

Luego, muy temprano aparecen fotones, los fotones están creados. La uniformidad del Ga está alterada, lo que pasa en el RET es diferente ahora de lo que pasa en Mu, lo que pasa en los fotones y lo que pasa alrededor de ellos. Es Caos.

Fotones aparecen en el RET entero, pero como están en todas partes, aunque es un caos, es un caos uniforme.

Poco tiempo luego partículas de tres dimensiones se forman, los átomos más sencillos primero, átomos de Hidrógeno.

Ahora ¡sí! La uniformidad se ha ido para siempre, hay fotones y átomos ¡caos!

Y se empeora la cosa, los átomos se atraen entre sí por la fuerza de gravitación. Polvo se constituye, polvo hecha de diversos tipos de átomos: este polvo está atraído por todavía más polvo para finalmente constituir cuerpos celestiales, estrellas, planetas, cometas, masas de todos tamaños y todas formas.

Y el proceso de coagulación sigue en la formación de galaxias, hasta finalmente, probablemente la aglutinación que es el Hoyo negro - ¿Existen de verdad? – apogeo de la condensación.

Al parecer hay un plan, un tipo de ley tal vez, dirigiendo esta evolución. ¿de donde viene? ¿de Ga?, o ¿tiene otro origen?

El segundo Principio de Termodinámica dice que la entropía, la agitación de todos conjuntos aumenta al pasar el tiempo. Aquí al contrario vemos la energía dinámica, su forma la más entrópica que hay, inmovilizándose progresivamente.

Miremos el universo bajo el ángulo del Secundo Principio. Todavía nos rehusamos a creer que la Ciencia esté en el error en todo.

Hay materia en Oom; Oom es un volumen encerrado, aislado. Después de la introducción inicial de energía, no hay otro aporte. Parte de esta energía se cambia en materia y necesariamente hay un momento cuando hay tanta materia como se puede.

Luego la materia se desintegra, progresivamente todo se desintegra y donde se encontraba materia no se queda nada, la energía captada en partícula se escapó, dejando nada más que agitación y fotones. Vendrá un momento cuando no se quedará materia que desintegrar, y, por supuesto, no agitación porque la agitación se encuentra únicamente donde hay algo agitable.

No se quedará más que fotones; hablaremos de los Hoyos Negros un poco más tarde; es posible que en ellos se queden átomos y hasta pedazos de materia, planetas enteras, tal vez.

Simplifiquemos un poco: podemos decir que la desintegración se hace por radioactividad y por explosiones. Las explosiones están en la fisión atómica o en la fusión. En la fisión, la bomba A, átomos gordos son destruidos en pedacitos: se pierde algo de la masa. En la fusión, átomos pesados están formados a partir de átomos ligeros, pero en esto también, al final hay pérdida de masa.

Disminución de la masa es principalmente disminución del número de nucleones, protones y neutrones.

En realidad eso, la pérdida de masa entrega preguntas adicionales. Volveremos a este importante asunto un poco más tarde.

En ambos casos hay liberación de energía radiante: fotones: Y hay otra fuga de cuantos en las explosiones: el soplo de la explosión por cuantos que se juntan a toda la materia vecina, cuantos en su segundo avatar, en presones.

Esta pérdida de cuantos resulta necesariamente en que hay menos cuantos en los cuerpos formados por la explosión que en los átomos originales.

La masa, el efecto de succión ¿dependería del número de gránulos aplastados?, ¿el número de gránulos aplastados estaría el número de cuantos participando a la formación de cada partícula sólida? ¿menos cuantos es menos masa?

Estos cuantos liberados ¿de dónde provienen? ¿Provienen de nucleones eliminados, destruidos – protones y neutrones?

Lo que confirma lo que afirmamos al principio: la destrucción de la materia libera fotones. Añadiremos: la liberación de cuantos en forma de segundo avatar, de presones, cuando no se quedará materia, cuando no habrá nada que empujar, podemos pensar que entonces todos los cuantos estarán en forma de fotones – a menos que los Hoyos Negros...

Antes de decidir si hay o no formación de materia después de los instantes iniciales, hay que revisar el proceso: ¿Cómo se cambiaron a materia los fotones?

Si resolvemos esta preguntita será fácil decidir claramente si hay nuevas síntesis de materia en el curso de la historia, y entonces si el fin del mundo no es inevitable.

Al parecer, la situación está muy sencilla:

de un lado tenemos creación de materia una única vez en la Historia de nuestro Universo y del otro

destrucción progresiva y total de la materia en el curso de los siglos.

Eso se ve mucho a lo que describe la estatua Nataradya; enseña Civa, de hecho Paraciva cuyo dominio se extiende desde el inicio del Mundo, representado por un pandero a la derecha – el sonido generador – BB, hasta el fuego final, el fin de la materia a la izquierda. La descripción de estos visionarios es sin recurso. Pero son visionarios, no eruditos.

La estatua no dice si Civa es creador o si, sencillamente está presente desde el principio hasta el fin.

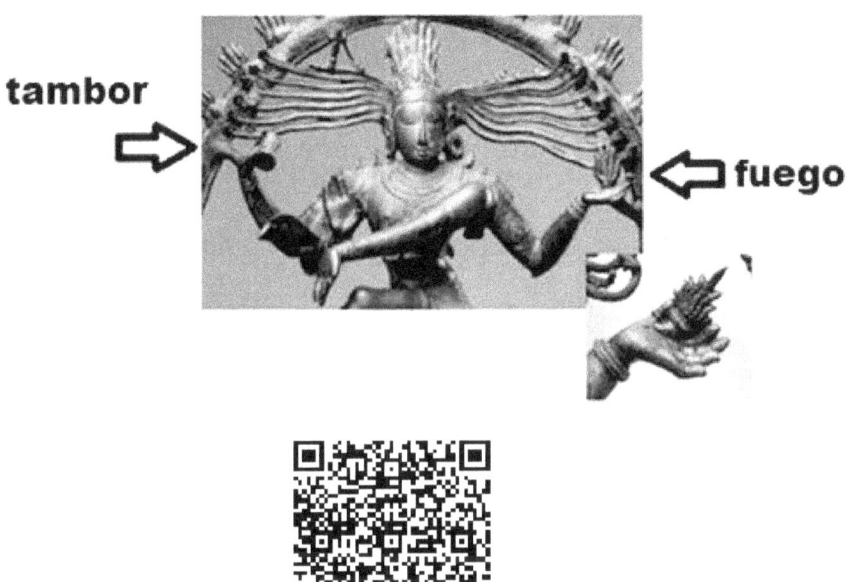

No vea aquí más que un poco de turismo en otra ciencia; no promoción de esta religión enfrente de las demás o del ateísmo: no proselitismo. Enseñar la semejanza, nada más.

Y volvemos al modelo B.

De un lado tenemos la construcción de más y más formas, y del otro sus destrucciones para restablecer la paz y uniformidad original en el Ga entero.

Son dos las fuerzas en presencia, no hay duda, dos conjuntos de leyes y, es contrario de lo que enseñan la mayoría de las religiones. Dicen que sus Seres Supremos dan la vida con la promesa de sufrimientos y deceso para todos. Al contrario, el Modelo B concluye que son dos las fuerzas, o, para darles cara humana, dos guías.

La Historia del Universo es una de guerra a muerte, cada uno de los factores tratando de aniquilar el otro, otro que de su lado trata de conquistar y sobrevivir por no importa que proceso.

Es la Vida contra la Muerte.

El factor que trata de bloquear y destruir todo, es Tánatos.

El factor que quiere establecer su existencia y hacerla eterna, lo llamaremos Eros.

Estos nombres les gustarán a los helenistas y a los Psi...

Ambos factores existían antes del primer instante, podemos suponer que son eternales y que, sin duda, llegarán finalmente a algún compromiso...

¿Política celeste?

Ya que la creación empieza con BB, y ya que antes de este instante reinaba Tohu Bohu, pensamos que este segundo líder, Eros, no se encontraba en Oom antes del principio de nuestra Historia; ha sido importado, o más correctamente, inyectado.

Del otro lado, la tendencia a inmovilización estaba bien establecida en Oom antes de la Creación; lo que confirma que es una característica del Ga, y especialmente del RET.

Tánatos ya reinaba aquí, en Oom antes de BB.

Comencemos pues con el principio de la creación.

¿Cómo apareció el fotón?

21. Formación del fotón

Hay un principio de organización, una parte de la energía dinámica toma una forma potencial: las masas.

Pero antes de llegar a este punto, la energía introducida por BB forma fotones.

Todos están de acuerdo sobre este punto, la Física lo afirma, y Génesis también.

Dijó Elohim: '!que haya luz!, y hubo Luz.}

La ciencia simplifica más todavía satisfaciéndose con decir: '!hay luz!'.

Volveremos a este punto.

El hecho que la energía dinámica se cambia a materia, a pedazos, en energía potencial, eso no corresponde bien al Segundo Principio de Termodinámica, pero no nos molestaremos mucho con esto.

La organización no es un cambio espontaneo: para limpiar nuestro pupitre o nuestra habitación hay que seguir un plan.

Establecimos entonces que si la energía dinámica se organizó, para reservarse para algún uso ulterior tal vez, es obedeciendo a una fuerza, una fuerza adicional sin relación tal vez con la introducción de energía por BB. El efecto único de la introducción de energía en BB ha sido un caos general, al incrementarse el número de variedades.

Si tiramos un puñado de gravilla en el agua, todos tipos de ondas, de ondelitas, se forman que desaparecen dejándolas a otras su turno.

En Oom, una influencia calmante se impone, la formación de materia y luego su organización en pedazos más y más masivos, meteoritos, estrellas, planetas, galaxias, grande variedad de arreglos más y más poderosos, agrupamientos captando más y más átomos, polvo esparcido en el Oom entero, donde ha sido formado.

Doctor Bruno Leclercq

Es la lucha contra la uniformidad, no es guiada por Tánatos.

En el conjunto, es cierto, hay un crecimiento del número de formas al pasar el tiempo, formas más y más organizadas: con el Hombre, es el número de formas abstractas que sube, con poco efecto en la entropía del universo.

Más todavía, sabemos que con el tiempo la materia desaparecerá, lo volveremos a ver más tarde, y lo que se quedará, a lo mejor, será mensajes o a lo peor, un Hoyo Negro o una Singularidad.

¿Nada más que fotones al final de los tiempos? ¿No es la entropía perfecta?

Olvidémonos de nuevo de los Hoyos Negros que no tienen relación alguna con la creciente entropía, al contrario.

Mantengamos los ojos en los fotones, estos fotones del fin de los tiempos, portadores de toda la información, de toda la Historia del Universo, fotones que ahora no seguirán cambiándose, al contrario. Poca entropía en aquel punto.

Este factor no interviene en la selección de las formas; no es él que hace que la materia se transforme a biosfera, y menos todavía que se organice en Hombre y su pensamiento.

Ahondaremos todo esto; hay que hacerlo porque en todo modelo hace falta distinguir todos los factores que intervienen en los eventos.

Hasta ahora, tenemos

> Oom,
> Ga,
> La energía dinámica llevada por el Otro y
> Tánatos, energía uniformizadora, facultad del Ga
> Y otro factor que está enseñando su nariz, factor opuesto a Tánatos.

Hagamos un desvío turístico, eso nos alejará de la monotonía de la lógica.

22. Turismo cultural, Eros.

Llamarlo Tánatos este factor activo, de hecho se puede nombrar pasivisante, pacifizante,, nos relaciona con las tradiciones antiguas y con la siquiatría. Tánatos es el fin de la actividad y por extensión el fin de la vida.

Se parece a Civa del Hinduismo. La mayoría de la gente acepta la opinión Visnuista que Civa es el dios de la destrucción, pero no es realmente el caso. Son muchas las religiones opuestas en el conjunto religioso que es el Hinduismo.

El Universo empezó y todo está agitado: el dios de esta agitación es Visnú alias Krisna. Según la Bhagavad Guita, es Krisna que decide quien vive y quien morirá en el campo de batalla.

Durante toda la Historia del mundo, todo estaría resultado de la acción de Visnú. ¿Qué hace Civa durante este tiempo? Nada. Él es inactivo. Es el modelo de la perfección y se está revelando poco a poco a medida que la agitación dirigida por Visnú se calma. Civa entonces, parece ser la causa de la destrucción de todo, pero de hecho es inactivo. Por ser fijo, aparece eventualmente a los que logran calmar la agitación de sus mentes, en sus espíritus, un estado mental que se puede asociar al fin de la vida: se hace más visible, perceptible a medida del progreso de la destrucción de lo que es, del mundo material.

Esa es la razón por que lo creen dios destructor.

Civa es el oficial de la Unión que le quita el polvo a su uniforme de un gesto de la mano, en la película de Sergio Leone: 'el Bueno, el Malo y el Feo'.

No entraremos más en los conflictos entre los diversos corrientes del Hinduismo.

Cuando la energía penetra en Oom, se distribuye en el espacio entero. Ya que Oom no contiene objeto alguno, podemos creer que esta energía se distribuye de manera uniforme: ya no es la calma del principio, es la agitación general; pero es un caos uniforme, lo hemos dicho, universal. La energía se mueve en el Oom entero por los gránulos y por el Mu que les baña.

Luego empieza la formación de partículas – los fotones al principio, la materia luego – y ahora el contenido de Oom es irregular, lo que la atracción universal aumenta por la aparición de cuerpos celestiales más y más masivos.

Eso ya lo hemos visto.

Es cierto que Tánatos tiene mucha influencia, pero cuando era solo, nada ocurría.

Lo que observamos es el contrario de uniformidad, Eso no se puede deber a Tánatos.

Tánatos, en el Modelo B, no es una entidad divina, no es más que una ley como las de la física, una ley sencilla, que nombremos para humanizar la lectura.

La energía dinámica también tiene algún efecto.

La energía dinámica viene de afuera. Son realmente dos los maestros, dos juegos de leyes.

Uno es autóctono, la elasticidad del RET, el otro es extranjero, importado. ¿sería su origen el OTRO?

Dos tiranos sin duda, líderes.

¿Cómo logran ajustarse?

Tánatos, es la ley de Ga, la ley que hace que la agitación se incline a calmarse para uniformizar la distribución de los gránulos y de la energía. Sin duda, no es ella que hace los fotones. Hay mucho más uniformidad, paz en Ga antes de la formación de fotones, y hasta, todavía, mucho más justo después de BB. ¿Por qué no se satisfizo de este equilibrio el Universo?

La ley extranjera, la ley que llegó de afuera, la llamamos Eros.

Eros es la ley de la construcción, de la expansión, de la creación.

Kein Stein – la teoría

Eros de un lado, Tánatos del otro.

Es bastante parecido a la Historia de la Humanidad: hay gente que ocupan un territorio y no hacen más que usar los recursos naturales, sin proyecto alguno. Aparece entonces el extranjero, los Romanos para tomar un ejemplo que no irrita a nadie - se usa ya para desviar la culpabilidad de cierta crucifixión - o los Francos, o los Árabes. Este conquistador usará la energía potencial de los autóctonos así como sus tierras, recursos desestimados, usados pero no explotados hasta esta fecha. Él invade y roba la mayor parte de la producción forzando la gente a trabajar más.

Hay que reconocer que, ¡ay! sin esclavismo no progreso.

Juntos ahora, el extranjero y el autóctono construyen pirámides, catedrales, una industria, una ciencia que trae protección, salud y orgullo que todos comparten.

A primera vista estamos perdidos, pero descuida, avancemos.

Volvamos al principio de la creación:

Ocurrió BB, el choque entre Oom y el OTRO que provoca la introducción de energía dinámica en el GA que, hasta este evento era totalmente tranquilo: Tohu Bohu dice Génesis.

El golpe causa una onda en el Oom; lo que circulará en Oom, lo llamamos Alfa, nos acordamos.

Primero dice la Ciencia, el Espacio se expande, y eso, antes de la luz.

Explicamos que esta interpretación de las observaciones científicas no corresponde a la realidad.

Lo que la Ciencia describe como expansión del Espacio es, de hecho, la propagación de la agitación del RET que se encuentra en todos lugares ya antes del BB. Lo que enseña la primera onda es la presencia del RET.

Esta agitación es secundaria a la propagación de la primera onda en Mu, y es esta onda en Mu que sacude el RET.

En un primer tiempo entonces, la energía se distribuye en Oom y es solo en un segundo tiempo que esta energía se cambia a fotones.

¿Cómo puede ser que un medio uniforme como el RET antes del BB altera la trayectoria de energía libre hasta fabricar substancia, aglomerados de energía? ¿partículas?

El BB introduce una onda, una onda es energía pulsátil. La onda puede ser vista a la vez como

> Portadora de energía y como
> Portadora de una forma, de un mensaje.

Dependiendo de la forma de la campana y de la lengua, el mensaje puede ser sencillo o complejo; en todos casos, genera ondas en Mu, y ¿estas ondas están copiadas luego por el RET?

Este mensaje causa cuencos y bultos en el medio donde entra y donde circula, pliegues sólidos, concretos.

Cuando doblamos una sábana la sacudimos de arriba abajo y vemos una onda propagándose de una extremidad a la otra. También podemos imaginar un látigo, pero no se observa tan fácilmente, y además, hoy día, ¿Quién usa látigos?

Esta energía se propaga en Mu en ondas, puntos bajos, puntos altos, y Mu empuja los gránulos del RET. Hemos establecido ya que cuando un gránulo este portador de un quantum, no energía entra en él que cambiaría su carga energética. De la misma manera, no energía entra directamente en el gránulo vació al principio de la creación.

Es decir que la energía traída por Alfa tuvo un efecto sobre Mu e indirectamente sobre la forma de los gránulos, estirándoles o comprimiéndoles, pero sin que se llenen de energía dinámica.

Nos parece necesario insistir: el factor 'mensaje' de Alfa, lo que llamamos Eros, agita y deforma el RET, independientemente de la energía dinámica que aparece en los gránulos.

La causa directa es la agitación de Mu. El resultado es la ondulación del RET.

La velocidad en Mu es superior a la velocidad de gránulo en gránulo, la onda Eros se propaga más rápido que los cuantos que van de gránulo en gránulo.

Todo esto no nos está satisfaciendo. No es muy claro, seguro que se puede mejorar.

De todas formas, pensamos que es de esta manera aproximadamente que se formaron los fotones, por agitación del contenido de los gránulos al pasar la onda en Mu.

Hemos visto que cuando un cuanto penetra en un gránulo, este se engorda. Es un efecto sobre el contenido del gránulo. Podemos pensar que si forzamos un gránulo a engordar, un cuanto se formará en él.

¿Cómo engordarlo? Comprimiéndolo desde afuera, lo que hace la onda en Mu.

Ahora sí, tenemos un mecanismo explicando cómo se formaron los cuantos sin que entre directamente la energía dinámica en ellos.

Algunas de las ondas en Mu causadas por Alfa comprimen gránulos, estas compresiones resultan en ondas en el contenido de los gránulos: estas son los cuantos.

Sus intensidades dependen de la intensidad de la ola en Mu que les causó, por eso se crean una variedad de cuantos, lo que está comprobado por el sin número de frecuencias electromecánicas.

Estas ondas internas a los gránulos se mueven a una velocidad que depende de las características mecánicas del contenido de los gránulos, velocidad muy lenta comparándola con la velocidad en Mu.

Esta velocidad de las ondas en los gránulos es la velocidad de la luz. Comprimiendo un colchón de agua se puede observar la formación y progresión de una ola interna.

Cuando un gránulo está comprimido, su contenido reacciona y vuelve a su estado relajado. Es una ola interna que se forma, es el cuanto.

Doctor Bruno Leclercq

¡nació el Cuanto!

¡primer paso de la generación de materia!

Nacen cuantos de todo tamaño porque la ola en Mu, por ser ola, tiene alzas y bajas.

Al parecer esta ola interna se mueve con la velocidad de la luz.

Ya que al principio no hay nada en el universo para frenar o bloquearles el camino a los cuantos, saltan de un gránulo al siguiente generando una señal electromecánica, fotones.

Claro que podemos pensar que los fotones o al menos los cuantos se introdujeron durante BB, evitando así la noción de gránulos. Pero la noción de gránulos es muy útil para explicar cómo se forma el núcleo, la materia propiamente dicha.

Los cuantos siendo energía dinámica, son esencialmente dispersables, incapaces de mantener sus identidades a menos de tener un envoltura, un soporte concreto. Hasta el relámpago de bolo depende de un núcleo... nos mantendremos con nuestro modelo tal como está.

Además, en Génesis leemos: Elohim dijo: ¡que haya luz! No dijo ¡que entra la luz!

Comentario poco científico destinado a la paz de los creyentes.

Concluimos que el mensaje llevado por Alfa interviene en la circulación de la energía del BB; agita el RET y hace que en los gránulos se forman cuantos. Es un evento de primera importancia por ser el fenómeno que hace que la energía informe toma forma: el fotón.

Este mensaje es lo que llamamos Eros: su origen en Alfa, un elemento externo a Oom, un elemento cuya fuente es el OTRO.

Esta explicación nos enseña que Eros es Creador.

La Creación arranca por Alfa que lleva

    Energía dinámica

Eros, la onda, el mensaje que es la causa principal de la formación de partículas, la primera causa de creación en la primera evolución de Ga.

Sin embargo, la influencia de Ga no debe ser subestimada porque es

Su estructura que organiza la distribución de energía dinámica y causa en Mu una ola que hace colinas y vegas móviles en el RET
Y en el RET, por sus gránulos, causa la distribución de la energía en cuantos por la elasticidad de los gránulos.

El primer paso de la evolución es la creación del mundo mineral, el segundo será la creación de la biosfera, el mundo de la Vida.

Por ser Eros un creador y como su nombre está asociado a mitos antiguos, para evitar que se vea como un Dios, por asociación cultural, le daremos otro nombre. En lugar de Eros, nombre que usaremos alternativamente por ser conocido y simpático, lo llamaremos Patrón.

Lo bueno de la palabra Patrón es su ambigüedad.

Eros, el Patrón es, tal vez,

El patrón del taller que dicta lo que hay que hacer, lo que hay que evitar, un tipo de divinidad
El patrón del sastre, modelo que hay que seguir atentamente, pero que no es más que un objeto práctico.

En ambos casos, el Patrón no le pone la mano al trabajo.

Tendremos que imaginar como una onda sencilla – el Patrón – lograría crear la Naturaleza, o, mantengámonos modestos, la Natura que observamos y de la cual somos partes.

El hecho que hubo una intervención de un Patrón causando un accidente que resultó en creación y evolución no nos enseña si hay uno o más dioses, y nada, por otro lado, nos permite creer que no hay.

En algunos textos escribimos Patrón'', guiño para la Cábala.

Nos parece que la fuerza, el factor que influencia la repartición siempre más concentrada de la energía dinámica es la Onda Primera – Alfa – que circula en Ga desde el principio, hasta antes que se forman los primeros fotones. Alfa, onda que circula desde el inicio y no dejará jamás de circular.

Es todopoderosa ya que afecta el Oom entero.

Alfa tendrá tres efectos, uno tras el otro.

Primero esta onda, el Patrón, fuerza Ga a aceptar que se forman fotones y luego materia cuando al contrario Ga quiere cancelar toda irregularidad espacial

-
    luego, en un segundo paso, Alfa empujaría para un aumento del número de eventos a medida de la destrucción de la materia por Tánatos. Eso es la Creación.
-
    tercero, Eros causaría la evolución.

Para el modelo B, Creación y Evolución son dos procesos distintos.

En la creación:

-
    los objetos estarían formados al azar, por interacción entre la energía dinámica y Ga, y luego
-
    los objetos así formados estarían soportados o no, tendrían una existencia algo más larga que aquellos de los aleas, según resonarían con el mensaje llevado por Alfa, o alguno de sus armónicos.

Esta acción que causa la evolución podría ser no más que un proceso de resonancia.

Lo que es creado, lo es por observación de las leyes de física en el primer estado de evolución y por observación de las leyes biológicas en el segundo.

Ya que Alfa copia la forma del OTRO en su contacto con Oom, si Alfa es el motor de la primera fase de evolución, se podría concluir que la evolución copia el OTRO – y esto en su ausencia y sin su participación.

Eso ¡sí! Podría gustarles a los teístas.

Pero tal como lo vemos hasta ahora, también si Alfa participa, la creación es el hecho de la interacción energía-Ga, el papel de Alfa es uno de soporte, de selección y no directamente un papel de creación. No influencia la creación, pero influencia la evolución.

23. Formación de materia

El primer evento fue el choque, BB.

El segundo evento es la formación de fotones a partir de la energía de BB.

Podríamos decir: 'una parte' de la energía se cambió a fotones, pero en este punto de la Historia, ya que no hay nada que agitar, es posible, probable que toda la energía se haya concentrado en fotones, aparte, claro, de la que agita Mu.

Más tarde en la Historia, parte de la energía no se encuentra más en fotones, está en materia, y está en la agitación de la materia por explosiones por ejemplo, explosiones atómicas, explosiones de polvo, explosiones de mal humor o de la pasión, y en todos los desplazamientos.

Se puede imaginar que al principio el número de fotones está extremadamente elevado. La Ciencia dice que al principio la temperatura del Universo – Oom para nosotros – era muy alta.

El modelo B comparte esta conclusión: número de fotones particularmente alto.

Sabemos que la velocidad de la luz depende de la fuerza gravitacional: cuando más poderoso el campo gravitacional, más lenta la luz.

Establecimos que el campo gravitacional es muy poderoso cerca de masas, y que cuando más alta la masa, más poderoso este campo.

Sabemos también que al principio de la Creación no había ninguna masa en Oom y a consecuencia que el campo gravitacional era a su límite de debilidad. Por eso podemos concluir que la velocidad de la luz, al principio de la Creación era tan alta como posible. Tal vez esa es la razón porque la temperatura del universo era tan alta que la descubierta por la Ciencia:

> El más alto número de fotones de toda la Historia
> Velocidad de los fotones la más elevada posible.

Estas conclusiones son posibles por nuestro modelo donde Oom es un universo encerrado.

24. Formación de objetos

Tenemos que volver al fotón.

La descripción se desarrolla bastante bien. La describimos en el orden de su composición. Se quedan algunos puntos que no nos satisfacen mucho, pero tenemos la esperanza que se arreglaran. No pueden ser muy lejos de la realidad.

Sin embargo, si encontremos que hay que cambiarlo todo, lo haremos, porque al final lo que cuenta es la verdad. No somos científicos, miembros de alguna Academia.

Vimos que el fotón es energía dinámica que se presenta en cantidades fijas, estables, en cuantos.

El medio en cual circula el fotón es el RET compuesto de gránulos. Ya que el cuanto es energía dinámica, es perpetuamente en movimiento. Pasa de un gránulo a otro. Sería una onda pequeña que sin envoltura se dispersaría, lo que nos ha forzado a postular el gránulo.

Ya que el cuanto no es más que energía, si se puede albergar en un gránulo, es que el gránulo tiene una substancia y límites. Bajo la influencia de un cuanto, el gránulo se infla en proporción de la energía de este cuanto, otro detalle confirmando que el gránulo tiene una substancia.

Puede ser un poco monótono de volver a leer las mismas informaciones, pero son vitales en nuestro modelo B y totalmente lejos de todo lo proclamado por la Ciencia. No deseamos que salten algunos puntos, al final, leer necesita una atención continua, lo que nuestros celulares no nos permiten.

Esto es un recordatorio de la complejidad del universo. Estos elementos misteriosos se quedaran misteriosos para notros. La Física piensa que hay 'cositas' que componen la Espuma cuántica, pero no sabe más que eso. En este punto, ambas teorías, la de la imaginación desenfrenada y la de la Ciencia están muy cercas en sus conclusiones y sus ignorancias.

El efecto del cuanto sobre el contenido del gránulo es idéntico al aumento de presión causado por el incremento de la temperatura en un recipiente cerrado.

El fotón está acompañado por una onda subliminal, lo hemos visto, onda en Mu que prepara el camino para que, cuando el cuanto sale de un gránulo, el gránulo siguiente esté preparado para recibirlo. La onda subliminal hace que la trayectoria del fotón es prácticamente linear.

Especulación todo esto.

¿Porque sale el cuanto del gránulo dónde está? Por ser energía dinámica y tiene entonces la tendencia al movimiento.

¿Cómo sale y cómo está recibido? ¿Por qué no se dispersa entre dos gránulos?

c=çà !

¿Cómo es posible que se crucen millones de mensajes en el RET como lo enseña la WEB, si no hay campos? ¿soportes casi mágicos? Si todo está soportado por gránulos que ni siquiera se mueven…

Pero ¿no observemos algo parecido hablando en un lugar ruidoso? Se escuchan varias voces, más música, más numerosos motores, alarmas, todas señales llevadas al mismo tiempo por el aire, por las moléculas del aire que no se mueven.

Pero todavía nos hace falta descubrir cómo aparecieron **los centros de presión negativa**, la fundación de los núcleos atómicos, el principio,

la causa de la gravitación.

A la Ciencia le hace falta entender la atracción universal, pero como nosotros estamos en un mundo limitado en el espacio, a lo mejor nos saldrá posible.

Hasta ahora en el Universo no tenemos más que cuantos, fuerzas positivas, hasta explosivas. Indicamos anteriormente que habíamos encontrado el mecanismo subyacente, la manera que le permite a la energía de BB dar a luz a fuerzas de atracción… ahora vamos a revelárselo.

Es volviendo a leer el texto que nos saltó a la cara la clave. Es tan lógica que tachamos inmediatamente todas las teorías que habíamos presentado, de las cuales no había ni una satisfaciéndonos.

Habíamos escrito la solución más temprano en el texto, pero no nos habíamos dado cuenta.

¡Eureka!

Teníamos escrito:

'Las presiones se comunican de un gránulo al siguiente de tal manera que si uno está comprimido, otro está estirado.'

Establecimos que le cuanto nace cuando Mu aplasta un gránulo. Este aplastamiento estimula el contenido de este gránulo, aumenta la presión interna. El contenido reacciona formando una onda, un cuanto.

Pero al mismo tiempo, otro gránulo, un vecino resulta estirado violentamente.

El gránulo tiene una presión interna de base: él puede ser comprimido o estirado dijimos.

Cuando estirado, una onda de presión negativa aspira brutalmente este contenido que reacciona creando una onda que anda desplazándose – lo hemos visto por el cuanto – pero en este caso la ola no será positiva, no será un aumento de presión, sino al contrario negativo, una ola de succión. Esta estrangulación corre en lo largo del gránulo antes de pasar al siguiente.

Para facilitar la conceptualización de una onda negativa que se mueve, imagina una bola de papel que se lleva el agua en un tubo vaciándose, un sifón. Si el tubo es bastante elástico, mejor, se puede observar la estrangulación que avanza indicando donde está la presión negativa.

La presión en la onda creada así será negativa, aplastando los gránulos uno tras el otro. Estos gránulos, uno tras el otro, ocuparán un volumen inferior al volumen medio de los gránulos, e inferior al tamaño de todos los gránulos llenos de cuantos, y hasta inferior al tamaño de los gránulos libres de cuantos.

Este gránulo de presión negativa, nacido en paralelo a la formación de cuantos, deja espacio para los demás gránulos. Esta constricción de algunos gránulos es la razón porque los gránulos vecinos están estirados – ¡no espacio vacío! – y por eso, es la causa de la gravitación.

¡Apareció la presión negativa!

Hay que nombrar estas 'partículas' que son el centro verdadero de los objetos. Nuestra descripción es mucho más satisfactoria para la gente común que la de las partículas puntuales; entregan la primera explicación de la atracción universal.

Para seguir el modelo materia antimateria, porque no llamarles anticuantos. O sino negacuantos. Preferimos algo más sencillo.

Ya que son el contrario de los cuantos o quantos, ¿porque no usar las mismas letras al revés? Llamar les 'tanqs', pero tanq parece algo agresivo, macho. Al contrario, estás partículas chupan, algo más Yin que Yang.

Vamos a llamarles Manqas del Francés 'Manque' que quiere decir falta, escasez, necesidad... y será una palabra feminina, Yin. La Manqa, creada al mismo tiempo y de la misma manera que el Cuanto.

Tenemos pues, en el RET, desde el principio de la concretización de la energía dinámica, formación de cuantos explosivos, y de manqas implosivas.

Por sus fuerzas negativas, sus fuerzas de atracción – sin duda son yin – las Manqas están atraídas entre sí, y se aglutinan. La materia se forma.

Vamos a hispanizar la ortografía: las mancas.

Este descubrimiento de las mancas nos obliga a revisar los puntos I. II. y III. que habíamos expuestos orgullosamente al principio.

Nueva versión:

I. Al final de la destrucción de todos los tipos de partículas, se quedará mucho más que fotones, también se quedaran mancas
II. **El fotón es un fenómeno**, eso sí es correcto.
III. Las partículas de materia no son solo aglomerados de fotones, sino mayormente agrupaciones de mancas. Las mancas son actividades breves en gránulos, gránulos que están estimulados o por cuantos o por mancas, nada permanente. **Los objetos sí son fenómenos**.

¿producen todas las mancas la misma presión negativa?

De la misma manera que por ser irregulares las ondas en Mu los cuantos creados no son todos parecidos, no todos con la misma energía, tampoco son idénticas todas las mancas.

Acordémonos del efecto de la fuerza S que no logra aplastar los protones sino todos de la misma cantidad. Habíamos concluido que este límite en la compresión se debía a los límites de la compresibilidad del contenido del gránulo.

Ahora, en la formación de las mancas, encontramos este mismo límite, hay un límite superior a la fuerza negativa que puede producir una manca.

Para dar una imagen concreta: imagine buceadores que se lanzan al agua en una piscina o en el mar. No todos llegan a la misma profundidad, pero ninguno va más profundo que el fundo de la piscina o el fundo del mar.

Entonces, al mismo tiempo que se formaron los cuantos, se formaron una idéntica cantidad de mancas pero hay una diferencia.

Cuando los cuantos presentan todas las posibles cantidades de presión positiva, las mancas se presentan en dos poblaciones:

- de una lado los cuya presión negativa está limitada por ser más intensa que el umbral de la compresibilidad del contenido del gránulo, y
- de otro lado todas la demás.

Suponemos que todas las mancas con la depresión límite son las que formaron los núcleos y por eso la uniformidad de los protones y neutrones.

Las mancas presentando presiones más altas, menos negativas, no se juntaron al proceso de materialización y se quedan en el espacio, ocasionando puntos de presión negativa en el RET. Estas mancas les llamaremos minimancas.

Sin duda se encuentran en el RET entero, libres como los fotones.

Sea lo que sea el proceso que fija las mancas en la estructura esencial de las partículas a tres dimensiones, partículas con masa, las mancas son los únicos responsables de la atracción universal. La fuerza de atracción de un objeto, su masa, es proporcional al número de mancas que lo componen.

La masa es proporcional al número de mancas presentes.

Ahora podemos abordar el asunto de la pérdida de peso en las bombas A y H.

Al final de la explosión atómica hay una pérdida de masa, es por pérdida de mancas.

¿Dónde están?

Es probable que algunas mancas estén arrancadas del armazón de algún quark por la presión alta que se encuentra en el RET en la explosión. Esta presión es mecánica y no proviene de la energía de los cuantos, sino de la presión que ejercen los gránulos entre sí. Ya hemos visto este fenómeno en la formación de la onda del fotón.

Pero estas mancas perdidas por la materia prima se encuentran ahora en las partículas emitidas y están tomadas en cuenta al determinar la masa final.

Se puede suponer que la explosión acapara muchos de los gránulos impidiendo algunas mancas de encontrar un gránulo vacío en que seguir sus caminos. En este caso la onda negativa que es energía tiene que hacer la vuelta tal vez en el mismo gránulo cambiándose a onda positiva, cambiando la manca en cuanto como una ola en agua cambia de dirección al ser bloqueada por una pared.

Dudemos un poco de esta explicación.

Eso tendrán que examinarlo de cerca los físicos.

La temperatura es muy alta lo que podría permitir creación y destrucción de partículas, copiando localmente la situación del principio de la creación.

Esta idea del cambio posible de una ola negativa a positiva adentro de un gránulo, no es más que una posibilidad. Ni siquiera es un postulado.

No sabemos lo suficiente sobre la formación de las ondas adentro del gránulo. Parece ser algo muy especial. Esta onda, al parecer se mueve adentro del Gránulo con la velocidad de la luz, dura mucho o poco según el tamaño del gránulo donde está. En esto también se necesitaran estudios demasiado avanzados para el Modelo B.

El modelo B nos libera de fijaciones como la teoría de la expansión, o la existencia de partículas concretas desplazándose en un espacio mal definido, pero al mismo tiempo entrega coacciones.

Si la fuerza negativa de la manca resuelve el problema de la gravitación, todo cambio en la masa debe ser justificado con cambios en el número de mancas. Es decir que nuestra sugestión de pérdida de mancas en la explosión atómica responde a una necesidad del modelo. Si esta sugestión no sirve, hay que encontrar otra, encontrar adonde van las mancas que desaparecen, y como lo hacen.

Existe otra situación donde hay cambios de 'masa' sin, a primera vista, introducción o eliminación de mancas.

Estamos hablando de la <u>dilatación del tiempo</u>.

Cuando un móvil se aleja de una referencia fija, por ejemplo un cohete alejándose de la Tierra, el tiempo a bordo se ralentiza en relación con el tiempo en tierra.

Establecimos que si el tiempo se ralentiza en relación con otro lugar, es por ser más gordos sus gránulos que los de la referencia. En el ejemplo de la dilatación del tiempo, en el lugar rápido los gránulos están pequeños y en el lugar lento están gordos, más rápido en la montaña que en el mar.

Llevando esta información al cohete, ya que el tiempo en el cohete está más lento es que sus gránulos están más gordos. Claro que el cohete tiene más energía, es decir más cuantos, y se puede pensar entonces que sus gránulos están bastante pequeños, debería ser acelerado su tiempo... pero es el contrario que pasa: cuanto más rápido el cohete, más lento el tiempo en él. Eso nos enseña que su energía cinética no tiene que ver con lo lento de su tiempo.

Para decirlo en términos de física relativista: de alguna manera hay un potencial gravitacional más fuerte.

Todo ocurre como si su velocidad causaba la generación de mancas adicionales.

Eso, pensamos la B-cademia, eso no se puede. Los cuantos no se cambian a mancas.

Imaginemos dos posibilidades.

1. Algunos cuantos se cambian a mancas, pero ¿Cómo y porque?
2. Al desplazarse en el RET el cohete, lo afectan las fuerzas negativas de los minimancas.

Eso nos parece más posible, pero tenemos que explicar un poco esta idea.

¿aquí aparecen las 'minimanca'?

Establecimos que son idénticas todas las mancas que participan en la formación de núcleos y leptones. Pero muchas mancas no tienen tanta fuerza: esas son las <u>minimancas</u>. Esas minimancas forman una población tan variada que la de los fotones, algunas casi mancas, otras casi impotentes. Están esparcidas en el RET entero.

Doctor Bruno Leclercq

Materia negra

Se calcula que hay más materia negra en el universo que materia común.

¿de donde salió el concepto de 'materia negra'.

¿Cómo nos enteramos que hay materia en un sitio?

Lo sabemos por nuestros varios sentidos, desde el olfato hasta el toco. La vista nos permite detectar materia fuera de nuestro cuerpo. Los instrumentos inventados para permitirnos de observar mensajes inaccesibles para nuestros órganos nos indican que hay cuerpos sólidos, por ejemplo sistemas solares y galaxias, pero estas informaciones no son fiables en absoluto, son informaciones que dependen de factores demasiado numerosos.

Se detecta un planeta en el sistema solar, pero a veces es casi más una conclusión matemática que una observación directa: este planeta existe tal vez.

Pero, imaginemos que deseamos observar un astro muy lejano. Lo hacemos con la creencia que la luz o la información que nos llega siguió un camino recto. De hecho, es muy probable que la trayectoria de esta luz, o de este campo gravitacional que suponemos honesto, nos informa que se encuentran obstáculos, otras causas en el vecindario de este haz luminoso, y ya que no podemos observar los objetos materiales que podrían causar estos efectos, deducimos que se encuentra algo casi material pero invisible, y directamente indetectable: materia negra.

De hecho, para el modelo B, la causa de tal efecto, de estas alteraciones de trayectorias, modulaciones de velocidad, y otras variancias, es parcialmente por falta de uniformidad de la tensión del RET.

La relajación ocurre en el Universo entero, pero hay irregularidades porque hay masas por todos lados, desplazamientos en todas direcciones, cambios violentos de tensión, todos factores que hacen que las informaciones captadas llevan a conclusiones aproximadas sino inválidas.

Todo lo que está detectado son efectos de la tensión local del RET, tensión que varía en función del tiempo y en función de eventos.

Pero estas especulaciones no bastan para justificar la mayoría de las observaciones que se parecen a efectos de materia.

No hay materia en la vista, así que se postuló la presencia de 'materia negra', algo que tiene el mismo efecto sobre la luz y sobre la masas que masas, que materia, pero invisible. Por eso Materia Negra. Según las medidas astronómicas, hay cinco veces más Materia Negra que materia visible.

Pero acordémonos de las mancas de baja energía negativa, las que no lograron formar núcleos y que se quedan libres en el espacio, las minimancas. Tal vez son esas las responsables. Son puntos de presión negativa, como lo son los núcleos y los leptones. No son suficiente fuerte para participar en la formación de núcleos, proceso que se queda un misterio total para el Modelo B. Son muchas y sin duda alteran las informaciones como lo haría materia, generan puntos de presión negativa... estas mancas débiles, probablemente, son la materia oscura.

¿Cómo se detectó la materia Negra?

No ha sido directamente detectada. Es un concepto que permite explicar algunos fenómenos, algunas irregularidades entre lo previsto y lo observado.

No hay duda que si tiene un efecto es que tiene relaciones con la materia conocida. Relaciones quiere decir influencia. Eso quiere decir que la materia oscura no es aislada pero que, al menos tiene un efecto sobre los eventos.

Puede ser entonces que es algo de pegamiento adicional que participa en la arquitectura de la materia, asociando, por ejemplo, los diversos quarks.

No nos lanzaremos en especulaciones, pero tal vez tienen algo que ver con las masas perdidas en las bombas.

Todo eso es un conjunto de sugestiones para permitirles a los científicos soñar en nuevos campos de investigación. El Modelo B no se aventurará tan lejos.

Volvemos a las minimancas.

Las minimancas estarían distribuidas de manera aleatoria en el RET entero, inclusivo adentro de los objetos materiales. No debemos olvidar que los objetos materiales no son más que conjuntos de ondas en el RET y que los gránulos que los componen no son obstáculos por otras ondas. Los rayos X atraviesan la materia – para usar un ejemplo bien conocido.

Los rayos X son fotones, las minimancas tienen el mismo tamaño que los fotones: Ud. concluya.

Antes de su despegue, se encuentran adentro y afuera del cohete en la misma densidad. Sin duda mancas atraviesan la materia, se encuentran en ella. Atraviesan todo, pero no es sin efecto.

Acabemos de ver que la materia negra tiene relaciones con la materia, lo que ha permitido deducir que existe.

La imagen que nos ocurre a la B-cademia es la del salabardo con que el niño en el agua poco profunda caza los bancos de peces pequeños. La cantidad de peces que entran en el salabardo depende de la velocidad de la captura. ¿no es posible que de la misma manera, al avanzar el cohete incorpore por un instante una cantidad más alta de minimancas resultando en una más grande concentración de materia negra adentro del cohete.

Ya que la materia Negra sería prácticamente minimancas, fuentes de presión negativa en el RET, el movimiento del cohete generaría su propio efecto de mancas sin que ninguna manca independiente esté creada.

¿No es así que electrones pegados en un disco girando causan la aparición de un campo magnético? Más electrones o más velocidad, campo creado más fuerte.

Si esta idea corresponde a la realidad, se explicaría el hecho que la retardación del tiempo en el vehículo depende de la velocidad del movimiento.

Si es así que se forma el efecto de manca en materia en movimiento, no solamente estaría cambiado del flujo del tiempo, pero también la masa del cohete. Ambos efectos son relacionados a la cantidad de mancas, ambos estarían afectados por la velocidad.

¿Podríamos atribuirle a esta idea el título de hipótesis? ¿ cambiarla a postulado?

Este problema lo resolverán matemáticos, no lo dudemos. No hay gránulos positivos o negativos, no hay energía positiva o negativa, nada más que manifestaciones positivas o negativas de energía en gránulos.

No iremos más lejos en este problema, pero nuestro modelo está muy firme en esto: si bajó la cantidad de materia, es por pérdida de algunas mancas. Esta pérdida está acompañada de una liberación de muchos cuantos...

Sin duda, lo que acabamos de decir sobre las mancas que se encuentran en las partículas – quarks, ¿gluons? – es válido para las mancas formando los leptones: positrones, electrones... los leptones tienen mancas adentro como lo atesta la masa que presentan.

25. Evolución de la materia universal

La formación de materia dura poco.

La cantidad de energía entrada en Oom por BB es limitada, y este límite lleva consecuencias.

Tenemos que seguir recordándonos que Oom es un volumen cerrado, fijo. Lo repetimos por ser el opuesto de todo proclamado por la todopoderosa omnisciente Ciencia.

La energía entró en él y se quedará para siempre, en una cantidad inalterable - ¿adonde iría? – bajo varias formas : materia, movimiento, información... a menos que Oom entre en contacto con alguna otra 'Cosa' que se encontraría en el Espacio Absoluto que lo rodea.

Honestamente, nada nos asegura que el fin del mundo por desintegración será el fin del mundo... ¿Qué certeza hay que no ocurrirá primero otro choque con otro objeto del Vacío absoluto?

En cualquier tiempo...

La formación de materia disminuye necesariamente la cantidad de fotones circulando en el espacio; algunos entran tal vez en la formación de electrones y positrones – sino, ¿de dónde sacarían sus cargas eléctricas? – otros se chocan con objetos, perdiendo su estado de fotón, convirtiéndose en presón.

Resultado: la temperatura interna de Oom disminuye. Al mismo tiempo la formación de materia aspira los gránulos hacia los núcleos, estira el RET entre las partículas.

El estiramiento del RET tiene efecto sobre la velocidad de los fotones – eso ya lo hemos visto – y esto porque el estiramiento del RET es estiramiento de gránulos.

Cuando la temperatura general ha bajado lo suficiente, los fotones y sus derivados están incapaces de formar nuevas partículas, materia nueva.

Pensamos que es esta falta de energía libre que prohíbe que siga formándose materia, pero puede ser porque no se quedan mancaslimites libres.

Concluimos, pues, que hubo un instante cuando la formación de materia acabó para no volver a arrancar jamás.

En este instante, el contenido de Oom en materia es máximo. La cantidad de materia en Oom está en su acmé.

Y la desintegración de la materia empieza.

La materia se desintegra espontáneamente, de manera continua e irreversible.

Una parte de la desintegración se hace por radioactividad, proceso bastante lento. También hay desintegraciones, brutales, como en la formación y la evolución de las estrellas.

Es necesario saber que la cantidad de materia del universo baja al pasar el tiempo. Eso es el porqué habrá un fin del mundo: vendrá un tiempo cuando no se quedará materia por desintegrar.

El proceso de desintegración ahora es el único que altera la cantidad de energía acumulada en materia y la de energía libre circulando en forma de fotones, otros leptones y agitaciones informes de toda clase.

Nada frena esta novedad.

Adentro de la materia, el pasado tiene más energía potencial, inmovilizada, que el presente; el vaciado de la materia sigue en la dirección que observamos: es función del Tiempo.

Recordémonos que hay un Tiempo Absoluto que es totalmente independiente de lo que pasa en Oom.

Esta nota nos permite integrar

> Las observaciones científicas de la alta temperatura del Universo primordial, la descripción de fotón por la B-cademia y
> la formación de partículas de materia con masa a partir de Mancas.

Es desde la formación de las primeras 'masas' que el proceso de la constante desintegración de la materia empieza a cambiar el mundo. Esta desintegración se hace en gran parte por soles, estrellas.

El proceso de desintegración disminuye la tensión media del RET fuera de las partículas y aumenta, se puede decir, restablece progresivamente la tensión media de los gránulos en el RET.

¿Por qué restablece? Porque la tensión media fuera de las partículas solía ser muy baja antes de la formación de materia, pero que aumentó hasta un punto máximo cuando la formación de materia llegó a su acmé.

Vimos, hablando del átomo, o del punto A y de la superficie del globo, que las velocidades, dependen en parte de la densidad en gránulos del RET.

Vamos a introducir una sugestión adicional. Las ondas que se forman en los gránulos, los cuantos, se mueven a una velocidad constante adentro del gránulo. Cuando el gránulo está estirado, se toma más tiempo para que la onda recorra el interior de gránulo. Pensamos que hay una relación directa entre las velocidades en un lugar, y el tiempo que dura la onda interna, tiempo interno que depende del tamaño del gránulo.

Desafortunadamente no tenemos la más pequeña idea de qué hacer con esta intuición. Esta idea la regalamos a investigadores futuros.

Ya que la densidad media en gránulos del RET fuera de las partículas está cambiando, está en continuo crecimiento, las velocidades universales cambian en función del tiempo: todo se acelera.

Este es el factor tiempo de la relatividad de Einstein.

Es el efecto de la desintegración universal sobre la tensión del RET que causa la 'curvatura' del continuo espacio-tiempo.

Ya que el universo se manifiesta en un volumen cerrado, Oom, este cambio de tensión del RET es parecido a los cambios de presión en un globo: es este efecto que ocurre y está percibido al mismo tiempo en todos lugares, y en todas las direcciones.

Disminuye el tiempo que se necesita para ir de A a B, por eso aparece que la distancia disminuye lo que le ha costado ser visto el tiempo como cuarta dimensión.

El primer resultado de esta fuerza gravitacional es la formación de partículas más y más pesadas; las Mancas y los cuantos se acumulan uno sobre el otro y la atracción universal les prohíbe recoger su libertad a partir del instante de sus anexiones por los núcleos que se forman.

Se quedan muchas etapas por describir, y lo haríamos con gusto si tuviéramos alguna idea de lo que pasa exactamente.

Es solamente en el fin de la creación, cuando toda la materia habrá sido desintegrada que estos cuantos recobraran su libertad. Y por lo de las mancas ¿serán sueltas? Probablemente ¡no!, pero no se sabe lo suficiente sobre los Hoyos Negros para lanzarse en especulaciones.

Permítenos indicar desde ahora, que el proceso de creación no es cíclico porque estos fotones del final, si se quedan algunos, son organizados, portadores de información, el contrario del Caos.

Lo hablaremos luego.

26. Etapa primera: el mundo material

Galaxias

La materia está sometida a un poderoso proceso de condensación en galaxias, proceso que parece contradecir la teoría de la expansión del universo, porque la galaxia es una compresión, el contrario de una expansión.

Las galaxias se forman por la tendencia a acercarse que tienen los pedazos de materia. La causa es la gravitación universal que se debe a las características del continuo espacio-tiempo, dice la Ciencia, se debe, dice el modelo B a la existencia de materia, y a las características de Ga, debida a la existencia de las Mancas, y debida a la relajación del RET en función del Tiempo.

Ga y continuum espacio-tiempo son bastante similares en esto.

Y si establecimos la lista para tomar en cuenta la desintegración y sus efectos, tenemos:

Oom, Ga, energía dinámica, Tánatos, la relajación progresiva del RET que participa en la gravitación

Estamos seguros que la Academia tiene los argumentos que hacen falta para que nos olvidemos de la contradicción gravitación-expansión que le salten a los ojos al ignorante.

Hoyos Negros: Huesos negros

A partir de este punto dejaremos de hablar de Hoyos Negros y llamaremos Huesos Negros las masas que se forman. Lo justificaremos en seguida.

Ya hemos visto que la gravitación es más una caída que una atracción. Einstein dice lo mismo. Las masas se empujan una hacia la otra por ser más estirado el RET entre las masas que en cualquier otra dimensión.

Las galaxias son conjuntos de astros, estrellas y planetas que se organizan y construyen una entidad.

Las galaxias mismas están constreñidas a la tendencia general de gravitación; por eso, se acercan. Sus zonas de estiramiento del RET se suman y así se forman entre ellas un área virtual de tensión máxima, de mínima densidad de gránulos.

Las galaxias se organizan en espirales más y más apretadas.

Las tendencias gravitacionales de cada una se suma a las de las demás. Esa es una de las maneras de formación de Huesos Negros.

Todos los Huesos Negros son rodeados de una zona de máximo estiramiento del RET, zona en la cual las velocidades están muy reducidas, al punto que se puede decir que lo que se acerca de ellas casi no se mueve.

Vimos el efecto del estiramiento del RET sobre las velocidades, entonces: no sorpresa.

Existen varias descripciones de Huesos Negros, varias descripciones también de lo que ocurre adentro, pero ninguna es muy convincente, razón por la cual son tantas.

Leímos que algunos empujan la descripción del efecto del poder gravitacional hasta predecir la presencia de una 'singularidad' en el centro. Para esos investigadores, el contenido del Hueso Negro podría entonces escaparle a esta enorme presión, infiltrándose en la singularidad para llegar en otro universo, otro plan. ¡ciencia-ficción por todos lados!

El modelo B no puede hablar de los Huesos Negros por falta de datos y falta de análisis. El asunto no nos parece de primera instancia porque la influencia máxima posible, la que podría darnos la situación en Oom al final del Mundo, actuaría en un pasado tan lejano que no le tocará a ninguno de nosotros.

La primera pregunta tal vez, sería saber hasta qué punto habrá avanzado la destrucción de la materia cuando todo lo que se mueve haya sido captado por uno o unos Huesos Negros.

Especulación pura, la discutiremos brevemente.

Pero por ahora, nos satisfaremos diciendo que para el modelo B, el Hueso Negro no es más que una masa. Esta masa está rodeada de una zona de tensión del RET porque está hecha de materia, de átomos en los cuales actúa la fuerza S. Es decir que, de cierta manera es una inmenso átomo – se puede llamar átomo ya que esta palabra quiere decir 'que no se puede cortar'.

El Hueso Negro entonces, es prácticamente un Núcleo, y es probable que los electrones de los átomos captados se ubiquen alrededor, empujándose uno al otro.

Vamos a eliminar la confusión que trae la expresión Hueso Negro. No es un Hoyo, no hay espacio vació en Oom así que no se puede formar un Hoyo. Además, la estructura interna de los gránulos nos enseña que se encuentra adentro de estas estructuras un contenido cuya compresibilidad tiene un límite.

Así que la masa que se puede formar no es un Hoyo y tiene límites a su compresión.

Nuestro modelo describe sólidos:

- es sólido el gránulo compuesto sin duda de varios componentes también sólidos; y es sólido el contenido del gránulo compuesto de varios elementos él también. Se puede hablar de factores o para imitar la Ciencia llamarles dimensiones.

Sin olvidar Mu que también es concreto.

Estas estructuras que se forman por adición de campos gravitacionales, les llamaremos por lo que son: Huesos. Ya que impiden que se escapen fotones capturados, el adjetivo Negro sí está bien.

Así que hablaremos de Huesos Negros.

Pero por lo del Hueso Negro y de su contenido, para el Modelo B, no gran dificultad. Resumimos: Ya que le Hueso Negro contiene átomos, ya que los núcleos son incompresibles, este estiramiento interno del RET estaría probablemente uniforme.

Necesariamente habrá un límite a la condensación en el centro y al estiramiento superficial.

Kein Stein – la teoría

Hay un límite a la condensación del RET en el centro de la Galaxia, en el Hueso Negro hecho así porque en nuestro modelo todo es concreto. Los Riens pueden ser acercados, pero no al punto que se superpongan o desaparezcan.

Recuerden lo de la fuerza S y de su efecto sobre el tamaño del neutrón. La compresión está limitada por la resistencia del contenido de los gránulos. Por eso, hasta en el Hueso Negro, los núcleos y sus elementos no pueden ser comprimidos más allá de lo observado en los núcleos.

La fuerza que pega los átomos en el Hueso Negro, es la misma fuerza S, la fuerza negativa de las mancas.

Insistimos con poca sutileza, pero la resistencia y los contraataques que vamos a enfrentar sobre este punto, serán muy fuertes. Mucho ruido está hecho sobre esta estructura todavía imaginaria.

Nuestro postulado básico que el Universo existe en un volumen cerrado no permite imaginar que el espacio pueda ser doblado, curvado, comprimido o perforado.

Admitimos nuestra extendida ignorancia, pero no estamos seguros que la ignorancia no esté compartida por los otros sistemas que analizan el universo.

Sin Huesos Negros, el fin de la historia de la evolución-creación no da una imagen harmoniosa.

Volvemos a verla: en el fin de la historia de la materia, para el modelo B, cuando todo habrá sido desintegrado y que no se queda ninguna materia, Oom está atravesado por fotones. Estos fotones llevan la descripción de todo lo que ha sido creado y seleccionado en el curso de la evolución, y ya que la selección apoyó lo que le parece al Patrón, un poco al OTRO, el conjunto de fotones, el conjunto de Ga está en la imagen del Patrón, del OTRO.

Al parecer toda la evolución-creación tuvo lugar para darle al Patrón una expresión adicional.

Esta situación donde todo es fotones está distinta del principio de la creación porque estos últimos fotones llevan mensajes y que, siendo trenes de fotones, ellos impiden al RET relajarse al punto que era suyo al principio, justo después de BB. Sus velocidades son inferiores.

Ya que son más lentos, no pueden participar en la formación de materia.

Al diablo la noción de singularidad.

Pero, ¿qué de los Huesos Negros? ¿Qué de las Mancas?

27. Sol y Hueso Negro

Lo del Hueso Negro es una noción poca conocida y la B-cademia sabe menos todavía sobre el asunto.

Si la tensión del RET frena y que la fuerza de gravitación atrae todo, los pedazos de materia y los fotones se acercarán del Hueso Negro con una velocidad más y más reducida.

En nuestro universo finito, limitado, hay una zona de frenazo alrededor de los núcleos y el Hueso Negro se comporta de la misma manera, frenando todo y atrayendo todo. En el caso del núcleo de átomo, es muy obvio, nada se acerca al punto de tocarlo.

El Hueso Negro parece ser un Hueso porque al parecer todo entra en él, pero de hecho nada entra en nada. A nosotros nos parece que el Hueso de hecho sería una esfera, esfera o disco muy compacto. El resto del RET estaría entonces lo más estirado posible.

No podemos ir más adelante, nuestra ignorancia es total.

El Hueso Negro entonces es un conjunto que crece y se extiende: se puede imaginar que al final de sus movimientos, toda la materia y todos los fotones del universo habrán sido absorbidos en unos Huesos negros, o tal vez en nada más que Uno.

El problema para la B-cademia es que todo está lleno, no hay espacio vacío.

Anotemos, por el placer de la contradicción, que si el Hueso Negro se cambiará a singularidad, ya que la Creación, dicen, empezó con la explosión de una singularidad, nos enseñan que el Hueso negro no es estable a fin de cuentas, y que, al final, la energía que se acumuló en él, se escapa.

Al menos, es así que entendemos lo que la Ciencia Académica dice.

Hay varios procesos de formación de Huesos Negros.

Doctor Bruno Leclercq

Las estrellas tienen una vida, los soles nacen.

Una nube de polvo astral se condensa poco a poco por la fuerza de gravitación de los átomos de esta nube. En estos polvos muchos átomos ligeros, átomos de hidrógeno. Progresivamente, una masa importante se forma y localmente el Ga se comprime.

Esta compresión causa una aceleración de las partículas al punto que llegan a las velocidades necesaria para provocar la fusión: el astro nuevo es una bomba H.

Las altas velocidades generadas así favorecen la formación de átomos más pesados: El sol siendo una bomba atómica, su temperatura es muy elevada y su densidad poca. Son dos los factores que aceleran las partículas: las explosiones atómicas y la condensación del Ga.

Cuando ha envejecido el astro, que ya no hay átomos permitiendo explosiones, su temperatura baja y su densidad crece. Se hace más y más compacto porque ahora el único factor activo es la fuerza de gravitación de las partículas que lo componen, de las mancas.

El astro se apaga y se compacta. Su masa crece considerablemente. Comprime todos sus constituyentes, y luego, ya que su masa ahora es tan grande, él atrae más y más partículas: es un Hueso Negro.

Progresivamente habrá siempre más Huesos negros, Huesos más y más extendidos.

Hasta se puede fijar que al final toda la energía dinámica y todas las mancas estarán pegadas en un Hueso Negro Único. Lo mencionamos. Ya que el Hueso Negro atrae todo, desde el fotón hasta planetas, y ya que con el tiempo la representación del Patrón está más y más generalizada, es posible creer que algunas de estas imágenes se encontrarán en la superficie del Hueso Negro, así que el Patrón estará representado en una forma sólida por la duración de este Hueso Negro, y tal vez por siempre, eternamente.

Llegaríamos a la imagen que preferimos: un Oom lleno de mensajes representando el Patrón en todos sus aspectos.

Estaría representado de manera dinámica si todo lo que se queda son fotones – pero ¿y las mancas, qué? – y los mensajes que llevan, los eventos que reproducen,

- o representado en forma estática si es así que se estabilice el último Hueso Negro.

Los matemáticos, a lo mejor, podrían describirlo.

El modelo B puede sobrevivirles a ambas posibilidades, admitiendo sin embargo, que el segundo se ve más probable.

28. Diminución de tensión = desplazamiento del espectro

¡Ni la más pequeña expansión!

Volvamos a la tensión mediana de Ga fuera de las partículas, el Ga interestelar.

Acabamos de ver hace poco que hubo un período corto cuando la cantidad de masa en Oom era máxima.

Por esta razón, en este entonces el RET, fuera de la materia era estirado al máximo.

Después de este breve momento, ya que la desintegración espontanea disminuye la cantidad de materia en Oom, la tensión promedia del RET fuera de las partículas, la densidad en gránulos del RET comenzó su descenso progresivo.

El RET se está relajando al pasar el tiempo.

El lector ve, sin ayuda alguna adonde nos lleva todo esto. Pero para asegurarnos que sus conclusiones concuerdan con las nuestras, vamos a ver de un poco más cerca.

En un pasado muy alejado, los astros emitieron luz; concentrémonos en los fotones azules. Los emitieron y circularon primero en un mundo de RET interestelar particularmente estirado, tenso.

Estos fotones antiguos circularon durante millones de años; les observamos ahora en un mundo cuya tensión de RET está muy inferior, por la desintegración.

Si, en un esquema, comparamos la situación de la torre de Pound-Rebka y la situación universal en función del Tiempo, vemos que los fotones azules emitidos al pie de la torre llegan rojos en la cima donde el RET está más relajado, más relajado por ser más distante de la Tierra.

Más relajados, no vayamos a olvidarlo, significa que los gránulos son menos estirados, que los gránulos son más pequeños.

Kein Stein – la teoría

Vea la similitud: en el Pound-Rebka, solo por pasar de una zona de tensión elevada, donde los gránulos son hinchados por estiramiento, pasar a una zona de más alta densidad del RET, una zona donde los gránulos están menos estirados, la radiación azul se cambia a roja... ¡hay desplazamiento del espectro!

> Menor densidad en gránulos del RET al pie de la Torre
> Menor densidad al principio de la Creación, después de la formación de la materia- gránulos largos
>
> Alta densidad del RET en gránulos en lo alto de la torre,
> Densidad del RET más alta en el Oom de hoy, por la desintegración de la materia. Gránulos más pequeños.

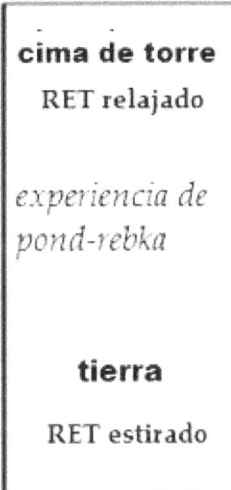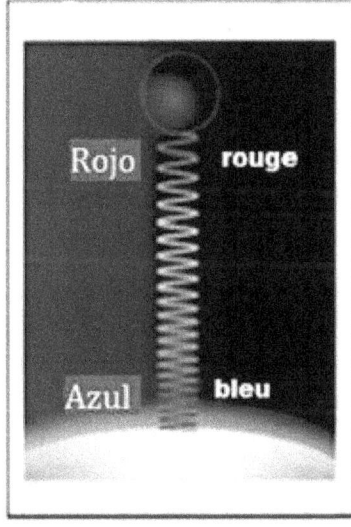

Desplazamiento hacia el Rojo desde la base de la torre hasta la cima

Desplazamiento hacia el Rojo desde el pasado hasta el presente

Para nuestro modelo que describe que el volumen de Oom es constante, el desplazamiento hacia el rojo del espectro de las estrellas lejanas en función de sus distancias entre fuente y nosotros observadores, se debe a la perdida de tensión del RET interestelar, al incremento en el RET de la densidad en Gránulos, consecuencia de la desintegración progresiva, continua y perpetua de la materia.

¡El esquema lo dice todo.!

Repitamos y repitamos porque la teoría de la expansión del universo, la ponen fuertemente en cuestión nuestros postulados.

Y la teoría de la expansión: ¡es la Biblia! Hasta Einstein la apoyó. ¿Cómo nos atreveríamos? ¿Nos atrevemos?

¡Atrevámonos!

Nuestro modelo no nos permite soportar la teoría del efecto doppler que es extremamente importante para la teoría de la expansión del universo.

Lo que no quiere decir que nunca hay efecto doppler. Se observa fácilmente en los brazos de galaxias y algunos otros lugares. Pero para el modelo B, no hace falta creer en una expansión. La teoría del modelo B no necesita creer en una expansión. La teoría de la Ciencia está soportada por la tradición y por apellidos famosos; la teoría del modelo B está soportada por los visionarios del pasado.

La teoría de la Ciencia está soportada por la experiencia cotidiana que la materia existe; no hace tanto tiempo que las teorías de la Ciencia apoyadas por las experiencias de toda la gente y por la lógica iba ponerle fuego a Galileo y sus libros por soportar la teoría que la tierra gira alrededor del sol: creencia esa todavía rechazada por la mayoría de los humanos.

Vamos a ver si otros detalles les ayudaran a decidir quién escoger como guía: el soñador aislado o la comunidad científica.

29. Desintegración y fin del Mundo …. Civa

La desintegración seguirá hasta que no se quede materia en Oom.

Sin embargo, dice la Ciencia, antes que pase esto, los Huesos Negros habrán tragado un número siempre creciendo de partículas, y algunos piensan que al final no se quedara más que un Hueso Negro que contuviera toda la energía del universo.

Hagamos un poco de turismo cultural:

Al principio de la creación: un choque; la Ciencia lo llama Big Bang, pero para la B-cademia no es una explosion sino un bofetada, y por eso lo llamemos Buena Bofetada – BB.

Al principio, pues, contacto violento, BB. Una vibración mecánica, un sonido podríamos decir, que se propaga en Oom.

En el fin de la evolución, todo habrá sido cambiado a fotones, luz y calor, no se quedará materia pero sí mancas.

Eso lo describieron visionarios antiguos. Vimos la estatua de Nataradya: de una vibración hasta llamas, luz. El visionario no percibió el Hueso Negro, tal vez porque, por definición, no es visible.

Para nosotros, es extraordinario que sin ninguno instrumento, sin nada más que pensar, soñar, hombres, o tal vez un hombre solo haya logrado percibir la creación y su evolución….. a menos que no son más que coincidencias.

Se puede hablar de culturas desaparecidas, civilizaciones pasadas… pero eso no cambia el problema, si existieron, aparecieron en este mismo Oom donde estamos. No haríamos más que mover nuestra admiración de un milenario a otro.

No tratemos de promover una religión u otra, no apoyamos el ateísmo tampoco. Nada nos interesa sino el conocimiento; es el conocimiento que nos gustaría ver avanzar ofreciendo opiniones alternas.

Eso es lo que solía decir el autor antes de descubrir la existencia de las Mancas que hablan a favor de un Hueso Negro final, y no de llamas, y nada más que fotones. El visionario antiguo no logro percibir el Hueso Negro; tal vez porque este, por definición no se puede ver.

Como dijimos, este descubrimiento de la manca al terminar el manuscrito nos forzó a cambiar mucho. Pero vemos que el resultado es mucho mejor. Vale la pena trabajar un poco más Uds. y nosotros, Vds. condenados a leer algunos errores del principio, y nosotros a corregir, borrar, reubicar...

Visto desde la B-cademia se observan de un lado:

> Las teorías de la Ciencia. Tratan la mejor interpretación de los hechos que observa, obra de investigadores bien entrenados, muy especializados. Usan observaciones por los órganos sensoriales y razonamientos. Razonamientos, lógica no siempre llevan a la verdad.

> Del otro lado, las teorías teológicas que interpretan las observaciones de investigadores muy educados, muy especializados. Usan principalmente percepciones intuitivas compiladas en textos milenarios, y visiones extrasensoriales. Desafortunadamente, también usan lógica, razonamientos que les alejan de sus fuentes. Sin olvidar las presiones sociales de cada época y las aspiraciones individuales, personales del profeta en turno, sus tendencias sicológicas y, a veces, hasta siquiátricas.

De un lado teorías lógicas, pero alejadas del mundo cotidiano del quídam común; de otro lado teorías emocionales, más cerca de las opiniones de los diversos grupos humanos en el curso de los milenarios.

De hecho, aunque la Ciencia no lo reconoce, no hay duda que sus investigadores usan, ellos también, la visión síquica de que se ufanan las religiones. No hace falta que lo sospechen, ni tampoco que hablen de eso: piensan profundamente a sus problemas, bueno, pensar profundamente, eso es meditar, y la meditación profunda trae visiones de donde salen nuevos lazos entre los elementos del problema.

El Modelo B reconoce que es el trabajo de la Academia de Ciencia que más nos acerca a la realidad, un proceso basado en el concreto, en los hechos observados.

Aunque ni nuestros órganos sensoriales, ni el sentido común lo enseñan, sí, la tierra gira en el espacio.

La B-cademia reconoce los hechos, todos los hechos. Los organizamos de manera distinta llegando a un ensamblaje posible, distinto – es cierto – pero no ilógico.

Usemos los hechos pero ninguna de las teorías aceptadas por la Ciencia soporta nuestros postulados. Esa es la razón porque presentamos nuestro modelo bajo la rúbrica 'literatura', casi poesía, ni siquiera filosofía. Es un texto sencillo, algo que podría introducir algunas ideas nuevas, pero sin pretensión de cambiar el mundo.

Es un modelo de arquitecto, si se puede concretizar alguien lo logrará. Tal vez será verdad científica, pero no antes del 2050.

Para la exposición universal de Montreal, el Alcalde Drapeau aceptó el proyecto del arquitecto Roger Tallibert para el Parco Olímpico. Después de la firma los ingenieros de la ciudad dijeron que el contrato había que cancelarlo porque la obra era imposible. Drapeau les contestó que el contrato no se podía anular, pero que seguramente se encontraría en algún lugar en el mundo ingenieros capaces de realizar los planes.

Así que los ingenieros reluctantemente se pusieron a la obra y el Parque todavía está para enseñar que un poco que presión sicológica y buena voluntad, a veces basta para concretizar los sueños más locos.

Este Modelo B soporta muchas teorías esotéricas, pero no les demuestra, y hasta no sueña ayudarles.

Es posible que el autor tenga una experiencia extensiva en taumaturgia, clarividencia y otros dominios de la parasicología, pero ya que no puede traer pruebas aceptables para los criterios de la ciencia actual, no puede ni siquiera hablar de eso. No sería escuchado sino por los creyentes.

¿Podría ser que esta investigación que ha sido la suya durante su vida entera tenga una base visionaria? ¿alguna percepción inconsciente de una parte de la realidad, percepción que la ciencia no puede igualar?

Es posible que el Modelo B llegue a ser aceptado, reconocido, pero eso no pasará antes de mucho tiempo... ¿dispone él de bastante tiempo para esperar ver tal evolución?

Estas preguntas están más cerca de la sicología y de la neurología que de la física; Tal vez, ni siquiera llegaremos a establecer que la 'curación' por los 'curanderos', 'magnetisores' es más que un efecto placebo, efecto de la imaginación del paciente, establecer que hay un efecto verdadero por una acción síquica, por lo tanto que el chamán, el Brujo, el curandero tenga tal acción, tal poder.

Todo esto se aclarecerá si y cuando la humanidad logre construir un detector de este tipo de ondas, un robot curandero o telepato.

Vamos a evolución, segunda fase: la vida.

30. Ciencia ficción

Ahora vemos que la tensión del RET es lo que se está midiendo como tiempo local. Para estimar el tiempo y la energía necesarios para ir de A a B, dos puntos muy distintos, hay que tomar en cuenta estos cuatro elementos:

> La distancia entre A y B
> La evolución natural de la tensión del RET
> Las velocidades relativas del observador – punto de salida – y del vehiculo B
> Las masas del origen y del destino.

Lo importante entonces, no es el tiempo propiamente dicho, sino la tensión local del RET.

Pero es fácil de medir el tiempo local, la hora, pero nada se sabe de la tensión local del RET. Este tiempo local no es el Tiempo Universal, lo que se ve con más claridad, como lo hemos dicho el tiempo local depende por ejemplo de la altitud donde lo medimos: avión, montaña….

Se queda aquí todo un dominio que investigar: la hora absoluta ¿Qué es? La hora cuando todavía no había materia, por ejemplo… ¿Cuánto tiempo pasó desde BB?

La ciencia nos revela varios números.

En la vida cotidiana basta con usar el tiempo que nos indican nuestros relojes.

Volvemos: con este modelo podemos darnos una idea concreta de la relajación global del RET. Esta relajación causa cambios en el tiempo local que ocurre en el universo entero. Cambios irreversibles, descenso progresivo, pérdida progresiva de la energía potencial acumulada en los átomos y liberada por desintegración.

En todos puntos del universo la tensión local del RET cambia porque la tensión universal disminuye.

Podemos crear fácilmente una ilustración de cambios esféricos: durante un viaje por avión, infla un globo cuando en el aire. En el globo escribe algo o dibuja líneas paralelas.

Cuando el avión termine su viaje, cuando baja la altitud, verá que el globo se aprieta, que las líneas se acercan. Es porque la presión del aire en la cabina cambia, aumenta. Todas las dimensiones del globo disminuyen.

No haga tal experiencia en la dirección opuesta, no infle un balón antes del despegue. En altitud él se hincharía y tal vez explota, lo que, hoy día, es para desaconsejar absolutamente.

De la misma manera, los cambios de tensión del RET en función del tiempo se aplican al mismo tiempo en todas las direcciones y cambian la 'distancia', de hecho cambian las velocidades. Por eso la conclusión apresurada y superficial que el tiempo es una cuarta dimensión. El hecho que las velocidades disminuyen da la impresión que las distancias cambian porque se necesita menos tiempo para ir de A a B.

Los cambios universales de tensión del RET cambian todos los fenómenos, sin cesar.

Lo que significa, entre otros asuntos, que el presente, la materia, nuestra persona somos en un universo distinto de lo que solía ser hace un instante.

De hecho, lo que pasa, la diferencia entre el presente y el pasado, es que hemos bajado a un nivel energético más débil, exactamente como el agua baja desde la montaña hasta el mar.

La materia es una forma potencial de energía cinética, un acumulador se puede decir, una forma que libera al pasito su aspecto dinámico.

Entender esta evolución, esta liberación continua de la energía acumulada en la materia nos entrega la causa de las relaciones descubiertas por Einstein.

La curvatura del Espacio-Tiempo se debe en parte al efecto de las

Mancas, factores independientes del Tiempo, y en parte a la aceleración de los fenómenos, aceleración causada por la desintegración de la materia al pasar el Tiempo.

A corta distancia entre A y B la presión negativa generada por las Mancas es el factor dominante, es la dilatación gravitacional. Pero, cuando más larga la distancia más domina el factor relajación del RET. Es la dilatación gravitacional universal.

La relajación progresiva del RET acelera la velocidad de todos los movimientos, y especialmente el flujo del tiempo local: podemos hablar de una 'rampa' de la velocidad del tiempo.

El modelo B confirma y justifica la mayoría de las teorías de Einstein.

Podemos resumir el capítulo 1ra fase:

> Hay menos y menos caos
> Hay más y más eventos
> Hay más y más fotones informando el universo de todos estos eventos
> El responsable es Eros; no se ve claramente a que le sirve todo esto.

31. 2da fase : la Vida

Una segunda etapa empieza y la Vida aparece. Al menos aparece en nuestro planeta, pequeño rincón del universo, mancha chiquita en Oom. ¿apareció en otros lugares también? ¿aparecerá en otros planetas? Probablemente, pero es igualmente probable que nunca lo sabremos con certeza.

¿Ciencia ficción? Mejor enfrentar este tema desde ahora.

Según las definiciones del modelo B, el espacio donde vivimos está formado adentro de Oom. Oom está lleno de Ga y no hay espacio vacío alguno. Ga está una substancia compleja. La Energía circula en esta substancia de diversas maneras: de un lado los fotones, del otro la materia.

Los elementos de Ga están desplazados un poco por la energía que se mueve, pero fotones y materia no son más que manifestaciones del viaje de esta energía dinámica.

Los fotones y la materia no tienen libertad en absoluto, no independencia: no son más que olas en Ga, y de manera aún más limitada, ondas en el RET únicamente.

Ya que la materia y los fotones son hechos de energía en gránulos, de burbujas de energías se puede decir, ya que la velocidad máxima del contenido de los gránulos es la velocidad de la luz, la posibilidad que la materia logre moverse a una velocidad superior está, ipso facto, imposible.

Está absolutamente esencial, en este punto, de recordar que la materia no es más que un ensamblaje de mancas y fotones, que la materia no es real, que no es más que un fenómeno. La masa de un objeto depende del número de mancas que forman su núcleo, de la succión que provocan, y no de la presencia de un objeto concreto en el sentido que lo entendemos.

La masa es una fuerza, no un objeto.

La masa depende del número de mancas-límites que forman los núcleos del cuerpo observado, es decir de la fuerza negativa presente.

Así que, y es muy triste para el soñador, no viaje a velocidad 'wrap', velocidad supraluminica; no 'Beam me up Scottie'; no mundo paralelo, no atajo; no Hoyo de gusano; no Hueso Blanco balanceando los Huesos Negros.

No viaje en el futuro, no viaje en el pasado. La tensión del RET está en cambios perpetuos a medida que se desintegra la materia universal. Para ir en el pasado se necesitaría poner el RET en el estado de tensión donde estaba en la fecha deseada.

En este momento pasado, la tensión del RET solía ser más fuerte, los gránulos más gordos, había mucho más materia en el universo…. ¿cómo llegaríamos a restablecer este estado?

Ir en el futuro, eso es mucho más fácil: basta con esperar. El problema es que cuando llegamos al punto futuro deseado, ya no es futuro, es el nuevo presente, y no hay pasos pa'tras.

Somos presos en el tiempo y en el espacio.

Pero esta conclusión deprimente no les impide a los miembros de la B-cademia apreciar y a vez gozar del placer de seguir Star Trek – las dos series primeras – y los Doctor Who.

En cuanto a la posibilidad que haya otros planetas inhabitadas en este universo, ¿Por qué no? Pero nuestros límites físicos y biológicos hacen muy improbable el sueño de saberlo alguna vez.

Podemos tomar un desvío por el asunto de la teleportación. Los Chinos mandaron una sonda que se quedará en contacto con la tierra usando las características cuánticas. No entraremos en detalles, limitándonos a decir que esta 'teleportación' no toca más que señales, mensajes. No se puede extender a mover objetos, no más que pueden hacerlo las señales electromagnéticas.

Esta comunicación cuántica usa una facultad universal: dos 'objetos' que fueron atados al tiempo de su concepción mantengan un lazo hasta después de haber sido alejados. Están ligados y lo que le ocurre a uno le ocurre al otro casi al mismo tiempo. Además, esta información sobre cambio no es asequible, no se puede espiar.

En otras palabras, en términos del modelo B, dos 'objetos' idénticos con al menos un lazo al tiempo de sus concepción comunican entre sí con una velocidad superior a la de la luz, y, concluimos, comunican vía Mu.

No se puede evitar de ver en este fenómeno una explicación de la telepatía y de algunos tipos de clarividencia. Volveremos, no hay que insistir. Una madre y su niño por ejemplo, están bastante atados y esto desde el parto, desde el primer grito. Es posible entonces que estén atados en Mu también, y por eso que los eventos mayores que le ocurren a uno estén percibidos por el otro.

32. Evolución: Etapa 2 – el mundo de la Vida

La evolución pasa la segunda velocidad y la Vida aparece.

Se puede suponer que al final de la primera etapa cristales se formaron. Los cristales presentan una organización más firme, más estable que la simple materia.

Se puede considerar también que las primeras moléculas biológicas son cristales orgánicos: al azar de encuentros con otros cristales, en varias situaciones de condiciones ambientes de temperatura, humedad, agitación, algunos de estos cristales se cambian a biológicos y empiezan a engordar y reproducirse.

No estamos buscando los detalles: basta con afirmar que la Vida, para estar lista para aparecer, no ha necesitado intervenciones mágicas.

Esto es el esquema ofrecido por la Ciencia, Por ahora, lo encontraremos satisfactorio. Es otra cuestión que todavía no hemos aclarado.

Hay gente que piensa que la Vida apareció en otro lugar que la Tierra. A lo mejor, tienen la razón, pero eso no le cambia nada a nuestra historia porque en este otro sitio – algunos piensan en Marte – en este otro sitio la vida seguro apareció por el mismo tipo de proceso, este otro lugar es necesariamente en Oom y las leyes son idénticas en el universo entero.

Sin embargo, como lo hemos dicho para los cambios de la primera etapa, accidentalmente aparecieron combinaciones orgánicas efímeras. Algunas se hicieron vivientes.

Se puede suponer que alguna 'fuerza' soportó estas formas vivientes compuestas accidentalmente o resultado de algún patrón. El Patrón de esta segunda fase podría ser el mismo que aquel de la primera, podría ser, él también un derivado de la Onda Primera – Alfa.

Pero esta sugestión está pasablemente teísta: tal salto no está justificado.

Procedemos como lo hicimos para el fotón y la materia: un paso a la vez.

Lo que es remarcable es que la Vida haya aparecido.

Que a partir de este instante no dejó de crear formas más y más numerosas, más y más capaces de transformar la materia mineral en materia biológica, eso ya no es tan mágico.

¿Deberíamos tratar de definir la Vida? Se puede definir vagamente observando sus efectos: tal vez encontraremos luego sus causas y la razón de su existir.

Se sabe que un organismo está viviente cuando las moléculas que lo componen, vamos a decir, su cuerpo, tratan de aumentar su masa.

La diferencia entre cristal y ser viviente reside primero en sus composiciones. Los seres vivientes son hechos de materia orgánica.... Al menos es así en el presente, y verdadero para las formas que conocemos.

La materia, también ella, trata de incrementar su masa (gravitación): ¿resultado final? Los cuerpos celestes, los sistemas solares, las galaxias. No selección, toda forma de materia sirve.

Los cristales crecen por captura de átomos similares. Se podría ver entonces, la vida como parte de un proceso continuo, universal que empezó con el fotón y la Manca. Ya que nos parece que la evolución en su estado primero era dirigida por un Patrón, la evolución de la segunda etapa podría serlo igualmente.

Avanzamos hacia ningún sitio, con buena velocidad.

Hasta hace poco, ¿un mes, dos, seis? Se pensaba, y se aceptaba que

> La Tierra había sido formada hace 4,5 millardos de años
> La Vida había aparecido en ella hace 3.8 Millardos de años
> Que había necesitado mucha agua
> Que las formas vivientes necesitan amino-ácidos.

Pero ahora, fin de 2015, el descubrimiento de algunas formas de Carbono indican que formas de vida desconocidas hubieran aparecido

Hace 4.1 Millardos de años
Cuando había muy poco agua, por lo tanto que había.

Para nosotros de la B-cademia, este nuevo descubrimiento va en la dirección que nos había aparecido en nuestro espíritu colectivo.

Nuestra visión es que la creación de la vida empezó con la formación de un eje, un ensamblaje linear de átomos. Lo llamaremos 'Vi', tal vez la forma masculina de la palabra francesa Vie que quiere decir Vida. Nuestro amigo Pierrot tal vez le daría otro sentido, y otra ortografía: Vit.

Este Vi, este eje podría ser nada más que un grupo de átomos de carbón con algunos otros átomos accesorios, un conjunto de forma especial.

Este Vi aparece en un caldo primordial; es posible que le faltan aminoácidos y que no tenga ninguna de las moléculas presentes hoy en los seres vivientes. No vive, es absolutamente inerte.

> Luego, en esta misma sopa, otros átomos se fijan en la superficie del Vi, formando otro ensamblaje, un negativo, una matriz de Vi.
> Después de alguna razón, el Vi y su reflejo, su negativo, esta matriz se separan.

Tenemos ahora en el baño, en el mundo, dos conjuntos de átomos, el Vi y su imagen; el Vi y su pareja se podría decir. Son inertes ambos, individualmente están sin vida.

Cada uno de ellos, independientemente atrae átomos complementarios de sus formas. Deberíamos exprimir los eventos con más rigor: no 'atraen', sino habrá atracción por las leyes de la Física, las leyes que causaron sus formaciones.

Bastante rápido, de replicación en replicación, el caldo se llenara de cantidades siempre crecientes de Vis y de sus cónyuges.

Es una situación auto-acelerada, situación donde se pierden los estribos, es el proceso de base de la Vida.

Una vez que el proceso arranca, se puede extender a otros tipos de moléculas a medida que aparecen en la sopa primordial, acompañando los cambios climáticos. Es así, tal vez, que aparecieron las formas de vida que conocemos, empezando fortuitamente, por proximidad y por efecto de las leyes de la Física.

La pregunta que nos ponemos es la siguiente: ¿Por qué se separaron el vi y su molde?

Esta separación es el eslabón crucial.

Leyes sencillas de Física causan el Vi, y causan la formación de su imagen. Si están pegados por leyes físicas sencillas ¿Por qué dejan de actuar estas leyes? ¿dejan de actuar?

¡Poco probable! Una vez, quizás, un terremoto, una corriente de aire fuerte, una ola poderosa, pero son eventos poco frecuentes, y además eventos que podrían destruir uno o el otro de los componentes.

Estaría más simple imaginar alguna influencia oculta, algún genio. Se piensa en Eros, y el resultado es la materialización de formas nuevas. Podemos pensar también que la temperatura entre ambos elementos es diferente de la temperatura ambiente, etc...

Pero dejaremos la conclusión en suspenso aun si, como lo subrayamos, el Patrón no es necesariamente una entidad viviente.

Este proceso de copiar en forma de negativo, y luego usar el resultado para producir una copia nueva de la forma primera es común y hasta esencial en biología. Es así que los genes fabrican proteínas, luego, estas proteínas fabrican copias de los genes primeros.

Algunas tradiciones, mitos, introducen en concepto 'Amor' que sería el impulsor vital.

Vi y matriz, vit y pareja, es bastante cerca del Amor.

Ya que el primer elemento es necesariamente 'UNO', los feministas podrían excitarse, sin razón.

Hay que justificar primero la elección de una forma linear como primer ensamblaje, para el Vi. Si Vi no estuviera linear, si estuviera una bola o un disco, la formación de una matriz copiándolo resultaría muy difícil.

Todo es mucho más fácil, más concebible empezando con un eje, un palo.

Aceptemos, los hechos, el 'machismo' apareció mucho antes que lo señalarán y que lo critiquen. Es mucho más fácil de hacer un palo, el azar puede más comúnmente crearlo que un tubo ... estalactitas, estalagmitas.

Volvamos:

El Vi y su Tubo, a lo mejor, no estaban lo que se puede considerar como seres vivientes, pero moléculas más complejas, los famosos aminoácidos por ejemplo pueden haber empezado a pegarse en estos armazones, y esto, sin tocar el programa de separación.

Tal vez se pegaron en espiral como lo hacen muchas matas.

Estos armazones nuevos, hechos de aminoácidos, son verdaderos seres vivientes como los concebimos, los ancestros verdaderos de los moradores de la Tierra.

Los precursores inertes probablemente desaparecieron, pero sus formas, sus programas los copiaron las primeras formas vivientes, cuando los átomos del principio les remplazaron moléculas biológicas que permiten más variadas interacciones con la naturaleza.

Exactamente como ocurrió al principio del primer nivel de creación, el nivel mineral, las primeras manifestaciones de la Vida fueron absolutamente caóticas. Experiencias múltiples se sucedieron, formas vivientes que, en su grande mayoría no duraron mucho.

Pero podemos creer que las mejoras por mutaciones y selección permitieron que algunas de estas criaturas primeras, algunos genes primitivos logren sobrevivir hasta hoy en nuestra biosfera.

Una imagen sencilla: debemos entender que toda la vida en la tierra, nuestra incluida, la de individuos que piensan, la vida presente está alimentada y protegida por programas primitivos que trasforman directamente lo que trae el mundo mineral. Estos programas se encuentran en las bacterias, hongos, levaduras, y otros organismos que, nos dicen son insalubres, nocivos – una amenaza.

Si los fabricantes de detergentes, jabones y otros desinfectantes lograran darnos los productos que nos prometen, estas formas de vida primitiva desaparecerían y toda la cadena alimenticia con ellos.

Lograremos, sin duda, fabricar artificialmente las moléculas indispensables para nuestra vida. Algunos los sueñan: un mundo donde no hará falta matar lo que sea para vivir, ni animales, ni plantas, ni levaduras...

Un mundo donde estos seres vivientes vivirán en el miedo perpetuo de no encontrar con que comer, y el terror de ser devorado por otros animales, o la agresividad necesaria para ir a cazar.

A menos que a estos animales les quitemos la agresividad y el miedo, al mismo tiempo que les procuremos la comida y el seguro médico.

Al principio, pues, de esta segunda etapa evolucionaria, como en el principio de la creación: Caos.

Con el tiempo, un paso a la vez, pasos pequeños para la humanidad, la materia ha sido domesticada para que luego, mucho tiempo más tarde, el cerebro humano apareciera.

Muy temprano en la serie de los seres vivientes, reglas sociales aparecieron, de hecho nacieron justo después de la segunda etapa biológica

Sería bueno que lo pensemos en serio, o que alguna inspiración nos ilumina.

¿alguna divinidad actuando?... ama tu prójimo... ¿para qué?

33. Evolución biológica

Todo lo que sigue nos permitirá entender mejor y apreciar el fin de esta historia de la creación-evolución. Es biología.

A primera vista parece ser fuera del tema: pero ¿Qué es nuestro tema? ¿ no es entender un poco mejor el medio donde estamos, el medio de que estamos?

Tratemos de entender y describir los factores presentes en el mundo, y eso incluye saber para qué, porqué, y hasta donde.

Según el modelo B, todo es desplazamiento de energía en un medio continuo. No hay diferencia verdadera entre nuestros pensamientos, nuestros cuerpos y piedra. Eso es tan cierto que el observador afecta directamente su observación; su presencia y su actividad intelectual tienen un efecto sobre el RET donde ocurren los fenómenos que él desea observar, RET donde él mismo está formándose al mismo tiempo que lo que está observando.

Su presencia y sus pensamientos, sus observaciones deforman el RET.

Lo que estamos buscando, al final de cuenta, es conocernos un poco mejor, y adivinar el futuro.

Hay que considerar y estudiar todos los fenómenos afín de descubrir las causas, de desenmascarar los responsables de la situación donde estamos.

Las etapas biológicas que enumeraremos se amontonaron una sobre la otra, sin que ninguna esté eliminada. Están en nosotros, intactas, casi independientes una de las otras, cada una esencial a nuestra vida y a nuestras experiencias.

> La primera fase de la formación de la biosfera, es la formación de unicelulares cuyo único programa de relación con el mundo es binario : ¿ se come esto o no ?

> En un <u>segundo tiempo</u> aparecen los tejidos, agrupaciones de células compartiendo su comida, capaces también de incrementar su territorio y su número. Es el principio del altruismo, y se podría decir, de la familia.

Aparecen luego, en el mismo nivel de progreso, los carroñeros y los carnívoros, el asesinato: y como ajusto, aparecen defensas mecánicas y biológicas. Cuando, en el cuerpo humano la comunicación, el altruismo deja de funcionar, ¡es cáncer!

> En la etapa siguiente, la tercera, la de la Hidra, de la funda, aparece el animal que puede capturar sus presas, buscarlas, moverse. Hay un principio de sistema muscular y de sistema nervioso; principio de sistema digestivo, una función importante para la vida y el bienestar. Hay un ´interior´ donde se forma un orificio único que sirve, según la necesidad del instante, de boca o de ano, orificio por dónde entra la comida y salen los desechos.

Otros pasos importantes, en este mismo animal,

> Aparición de un programa de autodestrucción – **apoptosis** – y de **reproducción sexual**, es decir dos sexos, con genomas sexuales distintos.

La apoptosis está programada en toda la cadena animal a partir de este nivel de mejora. Es un programa que hace que todos envejezcamos, que se debilitan nuestras funciones biológicas al punto que finalmente no nos animan lo suficiente para que seguíamos con vida.

La libido, la impulsión sexual aparece a este tiempo también. Es un motor de comportamiento, es tan involuntario como la apoptosis.

El efecto combinado de ambos programas – sexo y deceso obligatorio – puede ser percibido como un programa adicional asegurando una evolución acelerada del grupo animal. Cuando la población es muy numerosa, cuando ya no hay suficiente comida para todos hay que probar formas nuevas – y la reproducción lo asegura - o cuando no hay suficiente espacio vital – demasiada gente – la apoptosis se encarga de disminuir la población.

Kein Stein – la teoría

Todo esto lo tenemos adentro, todos, Ud. lo sabe.

> Sigue la evolución con la construcción del tubo<u>, **etapa 4**</u> ; separación de la boca y del ano; diferenciación del vientre y de la espalda – cuando el animal ya no logra mantener su vientre más cerca del suelo que su espalda, es el fin: todos los peces se lo enseñaran, las cucarachas lo confirmaran.

Vienen los sistemas respiratorios, circulatorios, ambulatorios: tubos todos.

Dos grupos se forman:

> el primero es esencialmente <u>animal acuático</u>
> el secundo <u>animal terrestre</u>

El primero nada, el segundo se arrastra o cava.

El primero se reproduce en el agua, el secundo se reproduce en cualquier lugar y por eso también en la tierra relativamente seca y en el aire.

El primero deja sus millones de gametos en el agua para una fecundación aleatoria, la hembra del secundo no pone más que unos pocos óvulos. Este segundo grupo tiene que practicar la inseminación interna, la copulación, poner huevos fecundados.

Es decir que uno de estos grupos está bien adaptado a la vida en la tierra, en el aire libre, pero el otro está condenado a quedarse en el agua.

La adaptación a este medio estable, al agua, es tan completa que en algunas especies, los tunicados, cuando llegan a la madurez el sistema nervioso central se aísla de los órganos sensoriales y los elementos ambulatorios desaparecen. Sus funciones alimenticias y reproductivas funcionan solas, el sistema nervioso central está en suspenso, prácticamente apagado.

Este animal ya descubrió que no se necesita cerebro para comer o para reproducirse.

Las funciones que el animal sigue utilizando son las de las etapas 1, 2 y 3.

El espíritu se podría decir, el espíritu del animal está liberado del mundo material, está con los ángeles – ¿Paraíso?

El otro grupo de animales al contrario empieza a producir extensiones corporales que le permiten desplazarse mejor en un medio relativamente seco. Son tubos con rangos de pelos a lo largo del cuerpo. En animales más avanzados todavía, estos pelos se diferencian en órganos respiratorios – branquias – y en instrumentos de locomoción.

Hasta aparecen rudimentos de maxilares y de dientes en la boca.

En la mayoría de estos animales aparece la diferenciación sexual: machos y hembras tienen cuerpos diferentes. No es así en todas las especies, pero es más y más frecuente.

En la etapa siguiente que toca principalmente este último grupo, el cuerpo se cubre de caparazón y los pelos laterales, algunos, se cambian en apéndices articulados, las patas.

Esto nos lleva al **etapa cinco** de la evolución biológica.

¿La relación entre todo esto y la evolución del mundo?

Paciencia, a esto llegaremos.

> Etapa cinco: los artrópodos : los primeros tienen patas articuladas en cada segmento del cuerpo. Todo empieza pues con los milpiés o diplópodos. Luego aparecen crustáceos con muchas patas también, pero un poco menos. Luego mejora del rendimiento y reducción del número de patas; principio serio de la colonización de la tierra a medida que aparecen en la tierra plantas, nueva fuente alimenticia.

Los crustáceos llevan a los insectos cuyos únicos apéndices motor son torácicos: tres pares de patas y tres pares de alas.

Las alas son branquias secas. Las alas son adaptaciones, mutaciones accidentales causadas por las variaciones de humedad local. Por vivir en pantanos algunos crustáceos tuvieron que aumentar el tamaño de sus branquias laterales, y darles músculos para moverles de arriba abajo afín de mejorar el contacto con un agua poco oxigenada. Pero cuando el nivel de agua bajó, los animales se adaptaron respirando por la piel del abdomen. Al mismo tiempo las branquias se secaron y de estar secas, se cambiaron pasivamente en alas, empujadas por el viento.

Buen ejemplo de evolución. No lo encontrará en otro libro.

Hay que distraer el lector de vez en cuando ¿o no?

Las alas le permiten al animal llegar temprano a la comida, mejor que arrastrarse, mejor que caminar.

Aparecen en este mismo grupo todos tipos de instrumentos vitales y sociales: la comunicación sonora, la memoria, el aprendizaje.

Un ganglio especial aparece, cerebro primitivo. Gestiona los miembros, e integra las informaciones visuales, táctiles, gustativas y sonoras para una mejor eficiencia alimenticia, vital.

Los descendientes del grupo marino empiezan a dotarse de un tubo rígido en el cuerpo, la cuerda o notocorda, y nervios dorsales. La cuerda les da una mejor eficiencia en nadar. La oxigenación de sus cuerpos está asegurada por una circulación del agua ambiente por la boca y por branquias. Organización diferente de la oxigenación por la piel encontrada en los insectos.

34. Vertebrado: animal bicerebral

Llegamos ahora en la última gran etapa de la evolución biológica, la formación de vertebrados..

> La ciencia llama gnatóstomos los miembros de este grupo. Preferimos llamarles Bertebreles para subrayar el hecho que resultan de un mestizaje, quimerización de animales de ambos grupos. Soportamos esta tesis en un artículo publicado por la Academia de Ciencias de la República Dominicana y publicada en paralelo en forma de libro. El termino gnatóstomo indica que los biólogos no vieron más que la mandíbula, no miraron las otras piezas faciales, ni tampoco las tres pares de patas, ni las alas, ni la comunicación, ni la memoria.

El artículo se puede encontrar en Inglés:

Seach Gnathostomes – Bruno Leclercq

Los progresos en la ciencia del clonaje nos enseñan que esta teoría del Bertebrel es probable y su reproducción experimental totalmente posible.

Cuando tenga el tiempo y la plata….

Uno de los animales de la pareja trajo el esqueleto de la cara, las tres pares de patas articuladas, la comunicación sonora, la respiración del aire, la reproducción interna hasta la viviparidad. Aportó también la memoria y una tendencia a un comportamiento social altruista, al menos para la protección de las criaturas.

La introducción de miembros y del sistema nervioso correspondiente, el cerebelo, le permite al animal reaccionar con tanta velocidad que el insecto, lo que no puede el ancestro acuático. Estos últimos no lo necesitan ya que el agua frena los movimientos.

La contribución del otro ancestro fue la introducción de la cuerda y del esqueleto interno, así como la respiración por la boca. Su 'cerebro' se pega en el cerebro del insecto – el cerebelo – y se hace, se inventa, y se conoce una imagen del mundo a partir de los datos que le comunica el insecto, y a partir de su memoria.

> Señalamos al pasar, para darle una imagen más completa, que el abdomen ubicado en el insecto, detrás de las patas posteriores, se encuentra en el Bertebrel, anterior a los miembros posteriores. Es como si el abdomen había sido empujado en el tórax.
>
> Averigua en su propio cuerpo: el límite posterior de su abdomen se encuentra a nivel de la parte posterior de la cintura huesosa pélvica. Si quiere saber más, si le intriga, lea el artículo o el libro sobre el pez y los gnatóstomos.
>
> (*www.philosophon.org/files/txtPoissonInternet.pdf*

El sistema nervioso de este otro ancestro es de muy pequeño tamaño en los primeros Bertebreles: como en algunos tunicados, los urocordados, les mencionemos, el sistema nervioso central sensorio es prácticamente aislado de los órganos sensoriales. Este corto le da libertad, independencia, él podría ocuparse a operaciones 'mentales' sin relación con el mundo concreto. Podría estudiar, analizar, pensar…

El primer componente, aquel que introduce el sonido, la música, el descendiente de insectos, lo llamemos Brel y el otro que sabe nadar y soñar, lo llamemos Berthe – así apareció el nombre Bertebrel. Gracias al Cielo le permitimos así a la Ciencia alejarse de nombre como gnatóstomo… el Bertebrel es parte de nuestra familia… pero ¿el Gnatóstomo? ¿Qué de los miembros? ¿Qué de la laringe y su inervación? Además este otro nombre nos hace recordarnos de Brel y suena un poco como vertebrado.

La biología académica sufre de la misma esclerosis mental que la Física y las religiones; la física tiene una fijación en la expansión, la biología en su creencia que los primeros vertebrados aparecieron en el mar. De hecho, los primeros, los placodermos por ejemplo respiraban el aire, caminaban y practicaban la reproducción interna, un proceso muy costoso que no se usa sino como último recurso. Reproducción interna no es para gozar de estimulaciones locales, sino para asegurar la sobrevivencia de los fetos.

Los primeros Bertebreles, nuestros ancestros, aparecieron en un medio relativamente seco.

Luego la evolución incitó algunos a zambullirse: los primeros peces ahora eran creados. Estos primeros peces respiraban el aire como sus ancestros, - se encuentran todavía algunos - y los tiburones, peces primitivos practican la viviparidad – copulación y parto de criaturas formadas. Estos primeros peces luego evolucionaron en peces modernos, peces huesosos, y los Bertebreles terrestres del principio desaparecieron. Algunos de los nuevos peces se acercaron de la orilla donde encontraron de comer, empezaron a arrastrarse, devolviéndoles a sus aletas su función primera, caminar, y saltar fuera del agua – las salamandras – seguidas por los animales terrestres que conocemos. A estos 'peces' no les fue difícil a aprender a caminar como cuadrúpedos, ni tampoco tuvieron problemas para respirar: estos programas les habían heredados de sus ancestros, los insectos: heredados, presentes en sus genes, ocultos, pero nunca borrados.

Esta historieta para ilustrar el hecho que la fijación de que sufre la Física acerca de la expansión del universo no es un comportamiento único: es atado a un rastro humano... ¡alístate, sigue el líder, no sacudas nada!

Todas la ciencias sufren de esclerosis, lo que es sano para las religiones, pero no para la biología, la anatomía, la sicología...

De vuelta a la descripción de la evolución de la materia y de la energía.

La separación prácticamente total del cerebro de origen acuática libera el animal: este aislamiento permite las operaciones mentales sin relación directa con el mundo concreto. Este cerebro puede fácilmente estudiar, analizar y pensar por no ser tan molestado por el mundo material que el otro, el cerebelo. En general está mantenido ignorante de los mensajes de los sistemas nerviosos parasimpático y simpático, a menos que molestemos nuestra tubería.

Es este cerebro, el cerebro de Berthe que crea el mundo virtual que diferencia absolutamente los Bertebreles de todos los animales anteriores. Este cerebro es mayormente el telencéfalo.

Este mundo virtual es lo que conocemos en la vigilia y en el sueño.

Kein Stein – la teoría

En los primeros Bertebreles, el cerebelo es mucho más gordo que el telencéfalo. De una etapa evolutiva a la siguiente, la importancia del telencéfalo crece. Ahora tenemos dos 'cerebros', programables ambos.

El telencéfalo recibe con atraso las señales de los órganos sensoriales internos y externos, al menos si no son demasiado débiles. En los organismos más avanzados, el hombre por ejemplo, les usa para modificar la imagen que se está haciendo sobre el presente.

La corrección, tomar en cuenta las señales sensoriales, el cerebro no la hace siempre; y es el sueño, la imaginación, la hipnosis, los 'viajes astrales ', la conversión religiosa, la cultura de la época o de la región, y también la locura.

Esta organización bicerebral es el tercer paso evolutivo, la aparición de un generador de mundos virtuales.

El telencéfalo está influenciado por los diversos organismos que describimos, organismos que siguen funcionando casi independientemente. Si el estómago no va bien, el mensaje llega a su cerebro... él está enterado.

Pero la comunicación no se limita a una vía: hasta un punto, el telencéfalo, la voluntad puede intervenir en las operaciones de estos organismos de base, la digestión, la respiración, la relajación, etc.. lo que es el dominio de la sicología, de la sociología y también de las enseñanzas esotéricas, los ocultismos.

El dominio de la sicología y de la sociología no se formó primero en el hombre. Vimos los primeros elementos de altruismo y de agresión, en las segunda etapa de la biología: estas reglas sociales se complicaron, enriquecidas de un grupo viviente al siguiente para llegar a la sociedad de los vertebrados en la cual la población es dividida en dos grupos complementarios: los machos y las hembras.

En los mamíferos, las diferencias entre ambos son profundas y permiten formar parejas, una entidad biológica, mucho más poderosa y mejor adaptada al mundo real que todo lo que existió anteriormente. Eso es cierto para los carnívoros y omnívoros.

El máximo se encuentra en la pareja humana.

Sin embargo, tenemos que adaptarnos al hecho que le Hombre no es solamente una máquina biológica, cuya función es mantener la Vida, y aumentar la biomasa.

Las cosas no son tan simples, la sociedad humana es una entidad viviente más poderosa que la pareja, ya hasta más que la tribu.

35. El Hombre, el Creador

Veamos donde estamos.

Mencionamos un mundo virtual; algunas líneas para definirlo. Evitamos expandirnos en la sicología. Limitémonos a citar unos hechos que algunos criticaran por falta de discusión.

Como ya lo estableció Descartes, todo lo que conocemos podría ser nada más que un sueño. De hecho es así: lo de que estamos conscientes es una construcción de nuestro cerebro. No hay diferencia entre lo que conocemos y observemos en sueño, y lo que pensamos es real cuando despertados.

Lo que deseamos decir es que todo lo que conocemos del mundo concreto, lo conocemos de manera indirecta; todo o casi todo es construcción de un universo por nuestro espíritu todo es sueño.

Decimos 'todo' pero es un poco exagerado, no mucho. Aprender una actividad física, un deporte, tenis, aikido, piano, todo nos entrena, educa nuestro cerebelo.

Este tipo de entrenamiento aleja el especialista de la masa humana. Él reacciona más rápido y con más precisión.

La diferencia entre este tipo de individuo y el hombre común es que en la práctica de su disciplina al menos, no usa su cerebro, su telencéfalo. Este cerebro es muy lento y absolutamente con atraso sobre los hechos. El cerebelo ata directamente la reacción a los mensajes sensoriales, inconscientemente. Este mecanismo está presente en cada uno de nosotros, potencialmente al menos. Este lazo inconsciente entre órgano sensorial y músculos está presente en nuestra experiencia común: caminamos sin pensarlo, sin analizar.

De hecho, pensar en caminar, concentrándonos en lo que hacemos exactamente caminando, no es tan fácil.

No es para decir que el cerebro que piensa, el cerebro consciente no sirve; aun en el deporte, la observación consciente, el análisis y la experimentación están hechos por el telencéfalo, y son estas observaciones y conclusiones que llevan a la introducción y experimentación de técnicas nuevas. Luego estas técnicas nuevas están probadas, conscientemente y los resultados anotados y analizados. Cuando el resultado es satisfactorio, el entrenamiento empieza, por repeticiones. Estas repeticiones introducen las técnicas nuevas en el programa del cerebelo. Luego le toca al cerebelo dirigir: el deportista se cambia a profesional.

Todo eso nos entrena hacia un tratado sobre la meditación, etc... ¡aquí, No!

Mencionamos el cerebelo, pero se encuentran otros sistemas nerviosos en nuestro cuerpo; cada uno de ellos dirige su barco inconscientemente; obedecemos a sus reglas sin darnos cuenta. Pero moleste su estómago o su intestino: le enseñara muy rápido quien manda. Se sentirá enfermo, incapaz de pensar bien. No olvidemos el 'cerebro' de la hidra, ¿se recuerda? Él que inventó el sexo...

Todo lo que conocemos es una serie de ideas: por eso lo llamamos 'mundo virtual'.

Estas ideas están generadas sin interrupción, y algo adentro escoge las que aceptaremos como verdaderas. Esas son las que conocemos conscientemente. Estas imágenes están creadas de varias maneras, y las escogemos una tras la otra. Creemos que la película es continua, pero de hecho es una sucesión de imágenes fijas, exactamente como las de las películas. Es la estructura de nuestro cerebro que nos hace percibir la continuidad, ilusión por ser más coherente, más fácil de aceptar.

Todo esto para decir que de hecho vivimos en dos mundos a la vez. Hay el mundo material que conocemos muy vagamente, y el mundo virtual, el sueño que nuestro cerebro crea, el sueño que escogemos creer. Este sueño está pegado a la realidad material de cerca, o no tanto, y hasta para nada cuando dormimos.

Las aventuras islamistas de hoy enseñan hasta qué punto es importante: hay gente que se matan y matan a otros por el sueño que algún adoctrinamiento estableció en sus cerebros.

Este mundo en que nuestro cerebro escoge creer es una creación.

Lo que significa que nosotros, Humanos, somos Creadores.

Y aquí, lo que parecía una escapada hacia la sicología revela que, de hecho, es parte del estudio de la creación-evolución que perseguimos desde el principio.

Por una gran parte, el mundo que creamos es individual, pero el lavado de cerebro social participa al surtido, así que es bastante común. El mundo social es una creación compartida por muchos miembros de cada sociedad.

Progresivamente, el mundo social se extiende de una sociedad a las demás, pero no estamos cerca de una percepción universal del mundo.

Ahora podemos avanzar un poco en el estudio de esta tercera fase de la evolución.

>El mundo material = la materia
>La biosfera = la Vida
>El mundo virtual = la creatividad.

Es difícil creer que toda esta evolución, desde la primera célula hasta la formación del Bertebrel bicerebral se haya hecho sin ayuda, sin guía. ¿No deberíamos pensar que se precisó un Patrón?

¿se necesitó uno?

36. ¿Un Patrón?

Ahora la evolución es muy compleja, no deja mucho espacio para otros tipos de explicaciones.

¿Qué característica del Ga podría causar esta evolución?

Claro que los estadistas afirmarán que puede ser nada más que casualidad.

La primera etapa de la evolución, la del mundo mineral, hace aparecer una larga variedad de formas e informaciones, un poco de ordenamiento después del caos de los primeros instantes.

El resultado de la segunda etapa es bastante similar: más y más formas, formas más y más complejas, más eventos y más información, más mensajes: a esto llegó la biosfera.

¿para que todo esto? ¿Qué interés, que valor? ¿Riqueza de variedades, riqueza que es el ser humano? ¿todas estas novedades mejoran el equilibrio energético, la calma en Oom?

Para explicar la evolución del unicelular al hombre que piensa, ¿se necesita absolutamente imaginar algún patrón? El impulso vital – crezca – la ley divina - ¡multiplícate! ¿Hace falta más para explicar que se formaron objetos siempre más complejos?

Hay accidentes en la reproducción y por eso mutantes. Algunos sobrevivan; por eso se puede sostener un modelo de evolución únicamente económico.

Pero, el primer paso de la biología, este impulso hacia la vida ¿de dónde hubiera salido? Y la perpetuación de este programa durante millones de años ¿para qué? ¿Tendría algún propósito?

Si el gol de la evolución es una distribución tan uniforme como posible de la energía dinámica, el volver a la tranquilidad de antes del BB, ¿en qué nos estamos acercando de esta meta? Los procesos de desintegración son mucho más eficaces, más poderosos, más rápidos. Causan mucho más destrucción de materia que toda la Historia y las culturas humanas.

Pero la desintegración lleva poca variedad.

Al contrario, la segunda etapa, y la tercera aún más, crean mucho más surtido. Sus influencias son locales, es cierto; por lo tanto que sepamos que no hay en Oom otra vida que la nuestra, ninguna vida ha sido detectada fuera de la Tierra. A consecuencia, la Vida no afecta mucho el poder unificador de Tánatos.

También si, y es probable, también si hay vida en millones de otros planetas, la influencia total de la Vida en el universo es mínima.

Sin embargo, a pesar de su debilidad, la Vida se insubordina a Tánatos. Es la prueba que sí hay otra ley, la de Eros, la del Patrón como lo establecimos antes.

Se puede afirmar que nada de lo que ocurre después del lanzamiento de la Vida necesita la intervención de un Patrón, pero el programa Vida en sí es un Patrón. Acompaña todos los cambios, las formas de vida todas, y hasta las ideas nuevas.

Es difícil explicar esta rebelión sin introducir un Patrón. Este Patrón podría ser viviente de alguna manera – un Dios – o nada más que un patrón rígido, él des sastre, del zapatero.

Que esté uno o el otro, respectando las reglas generales de la B-cademia que ´nada viene de nada´, que de generación espontánea no hay – ¡Gracias Pasteur! – si es manifiesto que hay un Patrón hoy, aquí, es porque existía ya antes, en algún lugar, y esto incluso antes del BB.

Su raíz es eterna, existió siempre y no desaparecerá jamás.

¿Dónde solía estar antes de BB?

Es muy improbable, lo hemos dicho, que este Patrón Vida sea una propiedad del Ga y más improbable aún que haya salido de la nada. Por eso no veamos más que una posibilidad, que su raíz, como lo hemos imaginado sea un mensaje, un Patrón, un patrón llevado por Alfa, una imagen del OTRO.

En términos de entropía, en términos de energía, se observa que aumenta, al pasar el tiempo, el número de formas y de eventos.

El mundo biológico culminó con un animal bicerebral y su pináculo: ambos cerebros humanos, él del Hombre y él de la Mujer, ambos.

Estamos en la tercera fase de la evolución, pero somos hechos de nuestros precursores. Tenemos que respetar todas las leyes del mundo material y todas las leyes de la biosfera.

37. Evolución social, progreso social.

Notamos que el Caos acompaña el cambio a cada nueva etapa.

Vimos como las primeras criaturas aprendieron a respetar las leyes del mundo mineral.

Ya que entramos en la tercera fase, tenemos la tendencia a mirar de lo alto los apretones que nos imponen las etapas una y dos, las leyes del mundo mineral y las de la biosfera.

Muchos son los hombres que creen que se puede hacer cualquier cosa y, en la extremidad opuesta se encuentran los que quieren imponer leyes e instintos de la biosfera tal como está ahora.

Estos dos extremos causan muchos conflictos. Los progresos de la biosfera aparecieron por mutaciones, la entrada en el mundo de los vivos de individuos no totalmente parecidos a sus padres, individuos que tuvieron que encontrarse una caseta propia, lo que no quiere decir que los ancestros eran equivocados ni que tenían que desaparecer o ser reeducados.

De hecho los padres eran más fuertes e imponían sus valores: los mutados y alterados no tenían más que guardar sus distancias: mutados y alterados son 'anormales'.

Los mutantes son los que adquieran alguna función nueva, los alterados son los que les falta uno o más automatismo característico del grupo donde pertenecen.

El grupo humano presenta características genéticas compartidas por la mayoría. Por ejemplo, usar la mano derecha por la fuerza y la izquierda por la precisión del gesto, sin hablar del lazo absoluto entre la sicología y las funciones reproductivas. Los alterados presentan faltas, vicios de fabricación.

Las alteraciones son probablemente causadas por una irrigación anormal de un área pequeña en el cerebro, falta que aparece mayormente in-útero. Varios centros nerviosos que mandan comportamientos 'normales' se encuentran en la misma zona. Si la irrigación es un poco débil, uno o más de estos centros no establece los lazos necesarios, y, por ejemplo, el individuo será zurdo.

Aparte de zurdos, las alteraciones generan artistas, matemáticos, asociales, músicos, inventores, gente suficientemente distintos del grupo 'normal' para que este les aleje o les mate. Se me olvidó mencionar los homosexuales, otro grupo alterado.

Pero, por ser más listos algunos alterados, más creativos introducen mejoras en el arte de la guerra y de la caza, en agricultura, y en el uso de metales.

Estos efectos se observan en la Historia Humana. En el libro 'Los Hombres de África' (mismo autor) se enseña como la situación presente en este medio-continente es el resultado de una debilidad relativa que alejó de las mejores tierras uno de los grupos humanos.

Los hombres más fuertes tal vez, ocupaban las mejores tierras y alejaron los otros tipos de humanos, más débiles.

Es donde se observa que una alteración puede al final traer beneficios. El grupo más débil tuvo que encontrar su alimentación en lugares hostiles. Tal vez tenía este grupo un porcentaje algo más alto de alterados, o tal vez eran un poco más tolerantes por tener otros problemas que resolver que la homogeneidad del grupo. Es donde las diferencias intelectuales entraron en acción. Inventaron la irrigación, la agricultura y ganadería.

La tendencia a alteraciones es genética, pero no toca toda la familia. Sin embargo, es posible que algunos grupos humanos tengan un porcentaje más alto de estos.

Finalmente, en lo de África, el grupo alejado logro ser mejor alimentado, y por eso más dinámico y ambicioso. Inventó más armas y trata de aumentar su territorio y sus riquezas.

Vuelve a las tierras de donde lo botaron, viene en jefe ahora, en conquistador.

Decimos que primero la sociedad de hombres más fuertes ocupaba un territorio que le daba todo lo necesario, sin esfuerzos, sin gran uso de sus cerebros. En él se vivía una vida paradisiaca, cuando aparecieron los ladrones y expoliadores, los conquistadores – mencionemos los Romanos, los Francos, los Árabes – cabecillas de esclavos que fuerzan la gente feliz a trabajar sin provecho inmediato.

Y acabamos de decir de donde provenían los ancestros de esos abusadores, ayudados por sus alterados, gente con cerebros anormales con algunos hoyos, 'vicios'..

La sociedad humana sigue generando alterados. La 'lesión' es permanente. Es hereditaria en su mayoría pero puede manifestarse tarde en la vida, por accidentes, deshidratación, depresión, enfermedades. Algunos de los rastros comportamentales del individuo lo separan de la mayoría y la mayoría lo detecta, mayoría que por otro instinto busca la uniformidad.

La xenofobia, el racismo son instintos. La educación permite superarles y de la misma manera, el rechazo o condena de los alterados también puede ser eliminado.

De manera general, los alterados son alejados sino matados. Los de pelo rubio les mataban en Egipto. Todavía hay lugares donde matan los Albinos.

Las religiones mediterráneas impusieron algunos instintos naturales y rechazaron las desviaciones tanto como posible. Los Zurdos les miraban con disgusto: en Paquistán todavía esta desviación es considerada obra del Diablo. El cristianismo no permitía que los artistas sean enterrados en tierra bendecida.

Los echadores de cartas y otros adivinadores, los que trataban de ganarse la vida con las ciencias ocultas arriesgaban la vida. Numerosas leyes aparecieron con relación al comportamiento sexual de los individuos.

Es difícil identificar la fuente de tal inspiración, pero el resultado social fue protección de las mujeres y niños. Al limitar el número de esposas, y prohibir la homosexualidad y la masturbación, se incrementó el poder de las mujeres ya que ahora la esposa era la única capaz de satisfacer la muy poderosa impulsión masculina hacia la copulación.

La prueba que estas alteraciones originan de una debilidad circulatoria en una región limitada del cerebro y que es una característica común a varios tipos de alteraciones, es que las alteraciones están agrupadas en algunas familias: hay familias con muchos zurdos, o músicos, o artistas, o matemáticos, o sociópatas... lista parcial. Y en cada de estas familias, uno de los individuos puede presentar al mismo tiempo dos o más alteraciones.

Los cambios sociales actuales en los países ricos desplazan las estimaciones del valor de todo social, y ataca algunos prejuicios. Claro que al mismo tiempo introduce otros. Es el Caos. La sociedad no puede progresar harmoniosamente sin tomar en cuenta las leyes de las dos etapas anteriores.

Se mueve demasiado fácil de un exceso a otro porque somos creadores e influenciables. Saltamos del prohibido al obligatorio, y se acosa, persigue lo normal.

Estas alteraciones, en sus formas extremas, son patologías.

Y empujar la tolerancia hacia sus extremos, es otra patología.

38. Evolución: fase 3 – el Mundo virtual

Este mundo virtual es el tercer nivel de la estructura.

Caos.

Es un nuevo nivel y, a consecuencia, primero: caos.

Cuando la segunda fase siguió la primera, en su principio las criaturas tenían la impresión que todo era posible. Numerosas formas vivientes aparecieron que no sabían nada de las leyes de gravitación, humedad, electricidad. La mayoría se secó o fue aplastada, pero se quedaron algunos sobrevivientes: habían respetado las leyes de la naturaleza, las leyes del mundo mineral, sin darse cuenta..

Tres factores en presencia:

> Las leyes del mundo mineral
> Las leyes del mundo orgánico, luego las de la biosfera
> El 'impulso' Vida de origen oscuro, tal vez de fuente externa, introducido durante BB, expresión de un patrón, de Eros.

El origen del Creador de los tercer-mundos es Bertebrel, es la cadena animal que empezó cuando los genes del ancestro nadador, y los del ancestro volador se asociaron para formar una criatura capaz de vivir en el agua y en el aire libre.

Esta etapa nueva apareció tal vez accidentalmente, sin intervención exterior, sin programa nuevo, y la fuerza de adaptación que resultó no sería más que una continuación natural, sin verdadero progreso biológico.

No territorio nuevo que se abre para la caza, no herramientas nuevas, no mejora de la velocidad. Esta familia nueva puede adaptarse fácilmente al agua, o al aire, ya que tiene dos fuentes de genes, pero tiene que escoger uno de estos dominios, no los dos al mismo tiempo.

Entonces, progreso bastante débil, sino en el nivel 'intelectual'.

El poder de crear un mundo virtual se desarrolló lentamente de un Bertebrel al siguiente, a medida que el cerebro del Tunicado alcanzó y luego superó aquel del insecto.

Lo que significa para el Mecanista puro, el individuo que cree que todo corresponde al Modelo B, que no hay fuerza externa dirigiendo los eventos, los progresos biológicos.

La primera influencia que, dijimos, formó el fotón, y el principio de la materia, esta influencia es mecanista, aun si proviene desde el exterior de Oom. Por lo de la Vida, localizar una fuente es algo más arriesgado, pero se encontrara algún fisiólogo, algún filósofo capaz de describir una fuente bastante convincente sin alejarse mucho de nuestro tipo de lógica.

Todo, entonces, estaría muy sencillo, nada más que mecánica.

A pesar de todo tenemos que admitir que una duda, ligera pero presente, altera la serenidad, la simplicidad atea de este paisaje.

No es tanto porque nuestra descripción no dice nada sobre el ¿para qué?'

Lo más inquietante es que en el fin de la evolución tal como lo que conocemos, nos encontramos estorbados con un Creador, un creador de carne y huesos, un creador autóctono, sin nada de divino, sin la menor huellas de extra-material, pero sin embargo Creador.

Y colmo de misterio, este creador está creando una cadena de Creadores de metal y minerales... las computadoras y los robots.

Al parecer nuestras descripciones eliminan totalmente los sueños teístas que hay por allá, afuera, en algún lugar, uno o más creadores que quieren que el mundo esté y que evolucione. Creadores, la Ciencia no quiere ninguno, y el Modelo B casi demuestra su inutilidad.

Pero, a fin de cuenta, descubrimos un Creador, el espíritu humano y su mundo virtual.

Y todo eso sin tocar los sueños de algunos humanos – los visionarios – o los sueños (voluntad divina) de las religiones abrahámicas y de los Islames de cambiar la sociedad y el comportamiento humano.

Todos los grandes cambios en las relaciones humanas, en la humanización de la sociedad en el mundo entero tienen sus raíces en las enseñanzas de las religiones. Las más humanas, en el sentido de caritativas, provienen directamente del Cristianismo. Estas enseñanzas ¿eran inspiradas por instintos? O, como lo proclaman, ¿estuvieron reveladas? Sus leyes y sus aceptaciones: ¿instinto o revelación?

Dejaremos estas preguntas para otros textos, pero nada le prohíbe al lector pensar en ellas.

Si no hay ningún Creador fuera de este mundo ¿Por qué tanta gente dicen percibir uno? a la menos que prefieren pensar que lo hay. ¿Por qué hay y hubo en todos los siglos, tanta gente aspirando a su existencia? Este tipo de instinto ¿de dónde viene? Los sicólogos tenemos contestas sencillas.

En el mundo rico, la mitad de la gente duda que haya un Dios y no hay más que 15% que practican regularmente ejercicios espirituales. Está invadiendo una depresión profunda porque nada tiene sentido o propósito, ninguna meta en la vida.

El libre de Michel Houellebecq lo dice muy bien.

Más y más nos daremos cuenta que el mundo es vacío y sin gol. ¿Por qué no cambiarse a Mormón o Musulmán, Testigo de Jehovah? Cualquier grupo que dice de no confiar en las mujeres y que se precisa hacer sus cinco oraciones al día.

La B-cademia sigue con sus investigaciones, pero hay límites, hasta en esto. No es posible saber lo que hay afuera del Oom, no hay forma de saber cómo será el interior de Oom cuando toda la materia haya desaparecido...

No hay forma de saber, de manera absoluta, si Creación y Evolución de nuestro universo tienen un objetivo. Podemos ser optimistas, claro, y satisfacernos en pensar que, sin duda alguna, todo esto sí sirve de algo.

Pero este optimismo no es muy lógico.

Sin embargo, hay, en último análisis, una pista bastante lógica.

El Creador en que se ha convertido el Hombre, está inventando, creando, fabricando computadoras, y sus miembros, los robots, 'máquinas' que seguimos mejorando al punto que pronto estarán capaces de hacer todo lo que hace el hombre. Lo harán más rápido y sin duda, mejor.

Es decir que el hombre Creador está creando Creadores independientes que lo superarán.

Estos Creadores no son limitados por las leyes de la biosfera: no hambre, no apoptosis.

Muy pronto estos Creadores podrán ir ¡donde el hombre no ha ido jamás! Podrán acceder a mundos absolutamente fuera de nuestro alcance.

Para empezar, colonizarán la Luna, Marte y los demás planetas del sistema solar.

Claro que, por su orgullo, el Hombre no permitirá que lo hagan primero. Entonces se mandaran Hombres en Marte y se construirá un gran globo adonde apresar los que habrán escogido conquistar el Espacio. No les será posible salir de su prisión, pero estarán felices de darles envidia a los que se quedarán en Tierra.

En menos de un siglo, a pesar de los obstáculos que pondrán en su camino los Hombres, estos Creadores minerales se liberarán.

Lograrán fabricar y fabricarán lejos de la Tierra, otras plantas donde producirán sus descendientes. Llevarán en sí todo el conocimiento y todo el saber-hacer que nosotros humanos hemos adquirido sobre la Naturaleza y hasta un poco más.

Gracias a sus existencias, los progresos cumplidos por el Hombre en su maestría de la materia no le provechará solo al Hombre, creatura de carne, estarán exportados hacia sectores siempre más extendidos del Universo.

Lo que significa que la cantidad de eventos parecidos al Patrón incrementará exponencialmente.

Suponiendo que les programamos en esta dirección. ¿tendrán alguna tendencia a aumentar sus conocimiento? Sus Maestrías? En otras palabras , tendrán la pulsión vital de aumentar sus masas, o sea de vivir?

¿Por qué, para que la tendrían? ¿para que la tenemos?

Este pensamiento soporta fuertemente la idea que la Creación-evolución tiene una finalidad, una razón de ser.

Si no hay razón alguna en la creación y en la evolución, no hay que nos incite a propagar nuestra maestría y nuestras ciencias. No sería más que una infección inútil.

Por otro lado, si la creación tiene alguna razón de estar –tendríamos que imaginar que, a lo mejor, tiene alguna – si la creación tiene sentido, entendiéremos que su Creador no esté satisfecho que su influencia, su voluntad, su deseo no haya conquistado más que algunos pocos cerebros en una o tal vez millones de planetas.

En su lugar, quisiéremos que nuestra voluntad este conocida y exprimida, tan pronto como posible por tanta materia que se puede.

Y eso, de una vez, es posible porque los Creadores minerales que aparecen pueden establecerse en mucho más lugares del espacio… no necesitan más que minerales.

Seguimos esta pista algunos momentos.

Dos vías:

> Suponiendo que un Patrón haya sido introducido en este mundo en BB, ¿Por cual proceso se impone su influencia? ¿cual será el estado final de Oom al fin del mundo, el fin de la materia?

39. Resonancia

Cuando escribimos como aparecieron el fotón y la manca, especificamos que la ola creada por BB no solo introdujo energía, también llevó un mensaje, una forma.

Este mensaje lo llamamos Eros o Patrón. Se impuso al RET, comunicándole su forma, invadió el Oom entero.

Esta ola todavía circula en Oom, tanto en el RET que en Mu; armónicos se formaron, empezando con el acuerdo mayor: Do, Mi, Sol.

Entre los eventos que ocurren en el RET durante el curso de la Historia, algunos se parecen de cerca o de lejos a uno u otro de los armónicos de Eros: la mayoría no se ven de nada importante. Los eventos son fortuitos, aun si obedecen a las leyes de la física y de la biología.

En la palabra 'eventos' incluimos todo lo que es material y también los cambios, las palabras y hasta los pensamientos.

No debemos olvidar que todo son ondas, vibraciones en el RET.

Algunos eventos son cerca de algunos armónicas, la mayoría, no.

Todo tiene la tendencia de desaparecer, pero los eventos que se parecen a fuertes harmónicos de Eros, son soportados por estos armónicos por el fenómeno de resonancia. Duran más tiempo y por eso hay evolución.

Con el tiempo que pasa, más numerosos son los eventos parecidos a claros aspectos de Eros.

El proceso que elabora nuestro mundo como está consiste en dos etapas:

> Creación aleatoria por aplicación de las leyes de física, las de biología, y la casualidad.
> Selección por resonancia con el Patrón, y por eso evolución hacia la perfección.

La palabra perfección no implica un estimado del valor absoluto de lo que sea, la perfección es haber llegado a la meta. Cada uno está libre de estimar si el gol es moral o bueno: el gol es como es, y la perfección es llegar a él.

En la medida que aquí el gol estaría la representación del Patrón, la opinión que cada uno puede tener sobre el valor social, moral u otra de este Patrón no puede servir sino a nuestras emociones.

Por este proceso la evolución hará que el Patrón será representado más y más en el universo.

Durante todo este tiempo Alfa, la onda del principio es presente y es la referencia en que se apoyan las ondas creadas por los eventos.

¿Influenciarían poco a poco lo eventos, alterarían, frenarían las ondas de la creación? Prácticamente no, porque las ondas de los eventos, nuestra influencia es infinitamente débil frente a la energía enorme de la onda Alfa, la energía que causó toda la creación.

La creación empieza con fenómenos accidentales, luego por fenómenos guiados por las leyes de la física, y de la biología, y finalmente por las leyes de la lógica. Durante todo este tiempo la evolución se hace, guiada o más exactamente seleccionada por resonancia con las leyes introducidas con Alfa.

Se debe aceptar que todo lo material es local, fenómeno temporario, nada eterno.

Lo que es eterno es la luz, los fotones y por extensión los mensajes que llevan. También son eternos las mancas y su efecto, la atracción universal. Los fotones emitidos cuando ocurren eventos están proyectados en el universo entero. Algunos duraran y duraran como lo demuestran los que nos llegan de las estrellas.

Estos fotones dependen directamente o indirectamente de los eventos, y en nuestro caso, dependen de lo que pasa en la tierra.

Lo que significa que hay una emisión permanente de informaciones originadas en la Tierra, información sobre todos los eventos. Se puede suponer que una parte larga de esta información corresponde al Patrón ya que la evolución del mundo empezó hace millardos de años. Se puede tener esperanza que poco a poco el porcentaje de emisiones ideales se mejorará.

Estos fenómenos ocurren en el Universo entero. Si hay otros planetas poblados por seres vivientes, la actividad de estas criaturas se seleccionará de la misma manera, por resonancia, y proyectará en el universo entero como vibraciones en el RET y vibraciones en Mu.

Hasta la fecha, a pesar de muchos esfuerzos, no hemos encontrado señales de otras inteligencias.

Lo que nos abre otra persiana de esta ventana sobre el porvenir último.

40. Fin del Mundo

Todo esto es muy aproximado, pero tal vez correcto.

Al parecer hay dos posibilidades; no tenemos suficiente conocimiento, ni siquiera motivación para seguir más hondo. El lector escogerá la opción que prefiera.

Al fin del Mundo, cuando no se quedará nada de materia

> O el RET estará lleno de fotones libres, de mensajes, de imágenes concretas de la infinidad de aspectos del Patrón
> O se encontrara en la superficie de un enorme Hueso Negro esta misma imagen pero concreta, fijada por la presión enorme de la suma de las atracciones de las Mancas. La existencia de Mancas favorece esta última opción.

O sea, de una manera u otra el Patrón será representado.

Lo que nos lleva a imaginar que el gol, la meta, el fin de la creación es la reproducción del Patrón.

Ya que dijimos que la Vida es la voluntad de reproducirse, y que el Patrón demuestra tal voluntad, dado que el Patrón es una parte de la naturaleza del OTRO, nos encontramos guiados a concluir que le OTRO tiene Vida, que vive.

Lo que es lo mismo que decir que le Patrón, Eros no es solamente una manera de copiar, pero más exactamente, la forma, la voluntad de una entidad viviente.

Esta es una conclusión que, sin duda, les gustará a los Teístas.

Pero, y siempre hay un ¡pero!

El OTRO puede ser el origen de la Creación-Evolución, él es fuera de Oom y no tiene contacto ninguno con Oom.

No es el Dios que quiere la gente. Él no puede hacer nada y no sabe lo que pasa en Oom. No puede intervenir ni siquiera ser informado.

El pitchó, él lanzó...

Esto es a menudo lo que les pasa a los padres.

Este parágrafo es para el provecho de los Ateos. Se equivocan pensando que no hay un Patrón grande, que no existe Dios, que no hay un Dios creador del Mundo; y tienen la razón que hay nada que podemos esperar de él.

Nada que esperar de él, sin embargo, ya que el Patrón que corre en Oom sin tregua no soporta más que una parte de lo creado, no apoya más que algunos eventos, sí hay un Patrón efectivo. No es más que una representación parcial de un Todopoderoso posible, del OTRO, pero es aquí, con nosotros, y tiene efecto.

Implorarlo ¿serviría de algo? Claro que no.

¿Debemos buscar la Verdad? ¿Conocer la Verdad, una Vía que deberíamos seguir? Se necesitaría leer el Patrón directamente.

¿es posible? Las religiones dicen que sus visionarios lo hicieron: pero sus profetas no predican todos lo mismo....

Y la plebe, el populacho común, Uds. y nosotros, estamos muy ocupados en gestos cotidianos para encontrar tiempo para investigar si, de verdad, hay alguna Verdad, y que podría ser.

Claro que el lector no es forzado de aceptar estas muy teístas conclusiones que nos sugiere el Modelo B. La existencia del Patrón, de Eros no es realmente establecida, está presentada como muy probable en un universo que estaría como él del Modelo B.

¿Nos llevaría a estas mismas conclusiones el modelo corriente, aquel que nos ofrecen la Ciencia y los periodistas?

Es razonable que algo participe en la evolución del Universo; energía pura empezaría el espectáculo y una organización progresiva revelaría la obra deseada por un Creador. Desafortunadamente la lógica del modelo propuesto por la Ciencia Académica no favorece sugerirlo y menos aún, creerlo. En el mundo de la Ciencia, el ateísmo es casi demostrado.

Volvemos al modelo B, si era cierto...

¿Por qué debería la evolución llevar el Mundo a crear un Creador material? Este fruto de la Tercera fase de Creación.

Vamos a suponer que de verdad hay un Creador fuera de Oom, un creador origen de la Creación, y luego, indirectamente, guía de la evolución. Él causó la creación de la materia, luego de la Vida, y luego del tercer mundo, el mundo virtual de la imaginación, lo que, eso cree la B-cademia, podría soportar la hipótesis que el OTRO es vivo y es el Creador.

Según este punto de vista, él es la fuente, el origen do todo, el proceso de creación y de evolución. La existencia, la Vida, la Inteligencia, la Creatividad existían antes de BB: eran de todos tiempos, son rastros del OTRO. No son de su invención, son de su naturaleza.

Todo lo que ha sido creado después de BB y apoyado por resonancia representa algunas de las características del OTRO. Este OTRO, no lo conocemos, y no hay forma de llegar a conocerlo directamente. Todo lo que sabemos es que lo que existe en este mundo ha sido copiado. El mensaje 'Patrón' ha sido leído; está en proceso de ser leído, este Patrón, Eros que era incorporado en la onda Alfa causada por el choque entre el OTRO y Oom.

Se podría decir, poéticamente, que BB ha sido el gesto del sembrador, Eros la semilla, y Ga la tierra que le permite a la semilla exprimir sus frutas.

Si estamos vivos, es porque el OTRO vive.

Si creamos, es porque el OTRO crea.

Si pensamos, es porque el OTRO piensa.

Este último argumento indica que el OTRO piensa, que 'Dios Padre' es una entidad viviente, y que piensa.

Es el momento ideal para emular a Descartes, pero en lugar de su Cogito ergo sum, podemos decir

COGITO ERGO EST

Pienso, prueba que Él Es.

¿Estaría consciente?

Estar consciente necesita una computadora doble, una observando la otra. Ya que el resultado final de la creación-evolución entrega una copia del OTRO, que sea una copia completa o una copia parcial, en fin de cuanta se encontrarán el OTRO y su copia, dos computadoras.

¿empezó la creación para permitirle al OTRO de hacerse consciente?

Dijimos Dios Padre, y eso hay que justificarlo en esta era, la nuestra, donde el hombre y la mujer son iguales en todo... un hermoso acto de fe y ejemplo de lavado de cerebro... una de las producciones del mundo virtual que componen nuestros espíritus;

En BB, un mensaje entró en Oom; no dos, no cinco: ¡UNO!

Uno (1) es Yang. Usaremos esta palabra que no está todavía políticamente impropia. Es Chino, no es blanco y no horriblemente colonizador, por eso palabra aceptable.

UNO es el origen de todo. A partir de Uno se puede hacer dos, sencillamente sumando uno más otro uno. Luego, añadiendo otro uno, se llega a tres, etc.. hasta el infinito.

Pero empezando con Dos, 2, todo lo que se puede conseguir son múltiples de dos: se pierde la mitad de lo posible. Un mundo incompleto.

Vemos que en el proceso de fabricación de las estrellas, en la fusión atómica, el primer núcleo es él del Hidrogeno que no contiene más que une solo protón, pero ninguno neutrón. ¡Masa 1!

Todos los átomos del universo son los hijos de este núcleo de Hidrogeno, de (1).

Encontramos parejas en cada etapa de nuestro camino:

Hay el OTRO que es Yang, que no crea nada hasta que toca Oom y agita su contenido, Ga, que es Yin. Pero antes del BB, Ga no crea nada – Tohu Bohu.

Cuando él toca Ga, un terreno irregular, este mensaje se cambia a ola, una vibración. Olas y vibraciones suben y bajan: son Yin (2), + y - , positivo y negativo.

La representación completa del Patrón, la concretización de Eros en Oom es Yin.

El Patrón actúa y crea y orienta por su representación que es YIN.

Son muchas las religiones que, en su enseñanza oculta reconocen este hecho. Es el Espíritu Santo del Cristianismo, y también Santa María, la María de los arqueocristianismos – católicos, ortodoxos, etc... y también Shejiná del Templo de los Hebreos.

El primer paso, para que haya Vida, es la erección de (1), de un Vi. Pero la vida empieza solo después de la generación de su consorte, cuando hay (2).

Podríamos seguir pero ya todo está claro.

Podemos comparar con la vida humana; el (2), el elemento Yin es la mujer. No puede hacer nada vivo sino incompleto a menos que haya en su vida un (1), si solo por un instante; de su lado, el hombre, el Yang, no puede hacer nada que viva si está solo.

Con algo de tecnología se puede lograr que el Yin produce un ser viviente sin intervención de (1): partenogénesis, algunos animales lo hacen, lagartos, pero el mundo que puede ser creado así es incompleto porque la partenogénesis no permite hacer más que hijas, y ya que hombres y mujeres son complementarios, en mundo de (2) estaría incompleto.

Insistimos: hombres y mujeres son complementarios, no idénticos.

Bueno, ahora que hemos visto todos las aspectos de la creación y evolución.

Doctor Bruno Leclercq

Podemos volver a casa y descansar un poco. El séptimo día...

Todo ha sido dicho.

Ya, hemos llegado.

¿ha sido dicho todo?

¿Algunas palabras sobre las ondas en Mu tal vez? Pocas cosas.

No puede ser muy importante.

41. El mundo virtual en Mu

¿Están las religiones totalmente en el error? ¿No son más que medidas sociales para controlar la muchedumbre?

¿Sistemas de control civil? Sin duda, pero no necesariamente nocivos porque la base del comportamiento humano es animal y primitiva.

¿Absolutamente falsas? ¿Mentirosas? ¿o equivocadas?

No perdamos tiempo en estas argucias.

A medida que se desarrolló este texto hicimos algunas alusiones ligeras. Un análisis más profundo tendrá que esperar, pero sin embargo tenemos que rozar algunas creencias, tratando de no espantar demasiado los ateos aquí, los creyentes allá.

Arriesguémonos. Estudiamos Mu y los mensajes que circulan en él ya antes de la formación de fotones y mancas, justo después de BB, la buena bofetada.

Indicamos que cada una de las dos primeras etapas evolutivas entregó una variedad de formas e informaciones mucho más larga que se podía esperar mirando nada más que la simplicidad de la primera señal.

¿Pensamiento = Materia?

No hemos terminado todavía con la lavadora.

Vimos que todo lo material está representado en Mu, que cualquier agitación, cualquier movimiento en el tejido 'mundo' tiene consecuencias en Mu.

Tenemos que dar una definición clara de lo que es Materia: ¿Qué es materia?

Es evidente que los fotones por sus faltas de tercera dimensión difieren de la materia ordinaria, la que se puede pesar y medir: sin embargo son materiales.

Se puede pensar que no tienen una influencia duradera o importante sobre la agitación en Mu, pero tienen. El efecto ondulatorio es débil, lo concedimos, pero los mensajes que propagan los fotones tienen efectos variados y complejos. No son débiles.

Para definir la materia usaremos la descripción hindú, la de los tres gunas. Todo lo que presenta los tres gunas es materia.

> Tama, ser sólido o al menos presentar algunos rastros sólidos : veremos esto más de cerca
> Radya es la agitación, lo que es material contiene algo de energía
> Satva. El objeto tiene que haber una forma.

Todo lo que consideramos ser material presenta estas tres características, todo lo que presenta estas tres características es material.

¿Qué de los mensajes en la computadora?

El mensaje depende del circuito (tama), de la energía que fluye (radya) y tiene una forma que lo distingue de los demás mensajes (satva).

Es decir que el mensaje es material. Esa es la razón porque actúa tan fácilmente sobre otros objetos materiales adentro de la computadora, y afuera: impresoras, motores, cerebro del operador...

Si uno de los tres gunas desaparece, el mensaje desaparece para siempre. El hecho que no existe afuera de los circuitos no lo hace menos material. Además, su forma puede ser copiada, su aspecto Satva, registrada y luego integrada en otra computadora. La diferencia entra esta forma de 'materia' y las demás es su sutilidad. Es menos sólida que el gas.

Numerosas tradiciones científicas y otras del pasado clasificaron el Éter como otra forma de materia: sólido, líquido, gas y éter.

¿y qué del pensamiento humano? El sistema nervioso, el telencéfalo en particular, este cerebro moderno es una fábrica de ideas. Estas ideas son mensajes, son idénticas a los mensajes en la computadora. No están formadas de la misma manera, no se pueden registrar ni transmitir exactamente de un cerebro a otro, pero, a pesar de estas diferencias, son idénticas a los mensajes de la computadora, ellas también presentan los tres gunas: tama, el tejido nervioso, radya, los impulsos nerviosos, y satva la forma de la idea, la que conocemos.

Su interrupción, la supresión de cualquier de estos tres gunas causa la desaparición de la idea.

Esta pérdida puede ser temporaria – pérdida de consciencia, sueño profundo –, o permanente - deceso.

La idea más importante para cada uno de nosotros es la idea 'YO' que tenemos acerca de nuestra persona.

Esta idea es pasablemente inconsciente y generalmente mal definida, pero es siempre presente y personal.

Hay que introducir un detallito: al parecer hay una señal, una información que es esencial, gravada profundamente, detrás de toda actividad cerebral, en segundo plano. Está aun cuando casi toda la actividad cerebral ha terminado, en el coma por ejemplo. Esta señal es la Vida.

Hasta la fecha no localizamos su o sus puntos de sujeción y ni sabemos qué hace. Todo lo que sabemos es que a cierto punto, el punto final de la vida humana, la señal se interrumpe. Es la Muerte y hasta ahora no se sabe cómo recuperarla, reactivar la señal.

Tenemos la impresión en la B-cademia, y algunos eventos que observamos soportan esta 'intuición' que al menos en los humanos y probablemente en los demás mamíferos esta actividad podría ser reiniciada. Nos parece que haya un tipo de 'marcapaso' similar a los de corazón. Estos últimos se pueden reactivar, y hasta reemplazar. Su actividad no es más que la emisión de vez en cuando de impulsos eléctricos.

Lo que pasa en los comas señala que tal marcapaso se encuentra en una zona bastante moderna del humano. Seguro que hay otros marcapasos en el cerebro, eso lo indica el hecho que basta usar un par de máquinas para compensar la falta de respiración para que el cuerpo se quede vivo, esperando la vuelta de la consciencia.

Se sabe, y se comprobó científicamente que algunos peces pueden ser matados por el frío, congelados sólidos, y luego ser devueltos a la vida cuando la temperatura vuelve a la norma.

Se puede ver también estos asuntos desde el ángulo de religiones, abandonar este tipo de investigación asegurado que es el creyente que la Vida es un préstamo, nada más, nada material.

Estos párrafos no tienen más que un lazo ligero con la Historia de la evolución, pero ya que la Vida es un factor que no hemos realmente descrito con certeza, ya que nuestra explicación deja algo de espacio para las creencias espirituales, nos creemos autorizados a acercar la noción de Vida del dominio del concreto, de las relaciones entre Tánatos y Eros.

Volvamos al pez. Este animal es un Bertebrel, no es esencialmente diferente del Homo Sapiens, el Hombre que piensa, Ud. y nosotros.

Se observó que el pez resucitará si la congelación ha sido rápida. Si el animal está mantenido fuera del agua para calentarse antes de la congelación, la resucitación es imposible. El animal está muerto, muerto.

Nuestra conclusión científica es que este hecho prueba que hay un centro molecular, un centro nervioso de la vida. Cuando el animal lo dejan por muerto pero no muy frio, algunas moléculas se destruyen. Hay una degeneración química de la o de las moléculas que generan la señal 'Vida', señal que todas la demás funciones están esperando.

La fuente de esta señal está degradada.

Por eso pensemos que hay algún tipo de marcapaso Vida. No sabemos dónde está; no sabemos cómo él pone en marcha todas las otras funciones corporales.

No sabemos dónde está pero se puede buscar, empezar con el pez muerto muerto. Probar con estimulaciones eléctricas en varias áreas del cerebro si hay forma de reiniciar su vida…. (Es un investigador compulsivo que se manifieste aquí…)

Pero volvamos al tema principal, la Creación-evolución.

Estamos en proceso de definir la materia – favor excusar el desvío.

Esta noción 'Yo' no es definida claramente; no tenemos una idea clara, de ella, nada preciso, ningún conocimiento claro, pero tenemos la sensación, la impresión que hay un '**yo**'.

42. El Espíritu

Esta idea 'yo' la llamamos 'Espíritu'.

No hay ninguna razón de inventar palabras nuevas, démosle a esta vieja palabra un suplo de juventud con una definición operacional bien clara.

Esta idea **'Espíritu'** se desarrolla al vivir, y desaparece absolutamente cuando la vida está interrumpida, cuando uno de los tres gunas se aleja permanentemente.

No debemos dejarnos confundir por la palabra 'Espíritu': no es solamente un mensaje, una sensación, es algo totalmente material, totalmente de este mundo. Es hecho con las tres gunas. Es material, hecho de la materia del tercer estado.

Lo que lleva a pensar en el homúnculo, un término usado en todos tipos de contextos, generalmente para burlarse de él. Nos quedaremos alejados de estas preguntas. Nos limitaremos a la palabra 'Espíritu' nombrando un pedazo de materia del cuarto estado.

Para quedarnos en la línea de este texto, tal vez deberíamos decir: el Espíritu desaparece cuando el factor 'Vida' se para.

Decirlo así refleja nuestra sugestión que tal 'factor' existe.

El Espíritu es formado por la actividad vital y especialmente por la actividad del sistema nervioso. Se puede decir que aparece al ocurrir la fecundación.

El Espíritu no es algo que solía existir antes de la fecundación, no es algo que esperaba un lugar para manifestarse, no es un 'purusa' esperando para volver a encarnarse, no es un alma: el Espíritu es creado al mismo tiempo que el cuerpo, ni antes, ni después.

Por ser material, el Espíritu hace su impresión en Mu.

Kein Stein – la teoría

Si había personas capaces de percibir las ondas en Mu, percibirían los Espíritus de los demás, y en particular los Espíritus de sus seres amados. Estaría particularmente fácil cuando estos Espíritus emiten mensajes poderosos, durante crisis emocionales especialmente, tal como, en escasos casos y en pocos individuos, el orgasmo sexual que a veces es una poderosa emisión emocional, y tal como, en todos seres vivientes, el deceso, el abandono de la Vida.

Decimos en todo ser viviente porque todos viven, por definición, y entonces todos tienen un 'Espíritu'.

El orgasmo divino, la éxtasis de la Grandes Almas, de los Grandes Iniciados, ha sido pegado al conjunto de estupideces emocionales, al inalcanzable, fuente inagotable de mentiras y sueños.

Pero, ya que un investigador de Harvard acabó de demostrar experimentalmente que la telepatía sí ocurre, se puede revigorizar estos cuentos.

Acabemos con esta ilusión: la prueba de este investigador demuestra absolutamente nada, y él mismo lo admite, no hay efecto telepático en su experiencia. Los periodistas, a veces, embellecen los hechos.

Volvemos a la teleportación y la comunicación cuántica.

El hecho que tal vez hay telepatía en la experiencia humana es bien conocida de los 'videntes' y otros sensibles, aunque se queda nuevo y dudoso para la Ciencia de la Academia, para no decir ilusorio o mentiroso. Veremos si el desarrollo de la computadora cuántica les dará apoyo a estos cuentos.

Aparentemente, entonces el Espíritu está representado con sus emociones – estas variaciones importantes – todas alteraciones perceptibles.

De hecho, como lo dijimos hace un poco más que medio siglo y como lo saben todos los investigadores de lo oculto, este potencial es latente en nosotros todos. Está claramente presente en una minoría de individuos, y aparece por un período corto en otros, en condiciones muy especiales, bien definidas por las observaciones milenarias.

43. Noción del más allá, del Otro Mundo

Cada Espíritu está representado en Mu: ¿Cómo? Por una ola, una onda.

Las ondas de televisión no tienen la forma que generan en la pantalla. De la misma manera, la onda representando un Espíritu no tiene la forma de esta persona. Se necesita un receptor, y el receptor tiene que interpretar la ola, regenerar la imagen-fuente.

Es exactamente el efecto del sonido 'Gato'. Este sonido evoca un animal.

Cuando digo 'gato' cada individuo que sabe el Español piensa inmediatamente en un gato, a veces con una abundancia de detalles. Pero de hecho, nada pasó sino el efecto de ondas de compresión del aire sobre el tímpano.

De la misma manera, una sencilla vibración de Mu puede generar una información que tiene sentido y hasta un sentido muy elaborado.

El problema de la interpretación es una de las dificultades de la transmisión. El problema primero es lo poco de intensidad de la señal, y su ahogo dentro de una infinidad de otras ondas, otros mensajes que nos llegan al mismo tiempo. La zona de que estamos conscientes es muy estrecha, está sometida a informaciones llegando del exterior, de la memoria, y de la imaginación cuando no está molestada por problemas fisiológicos.

Nuestro sistema – es totalmente inconsciente en el día en la mayoría de los casos – nuestro sistema decide lo que él quiere ver ahora. No se queda mucho tiempo y espacio para los mensajes débiles llegando de Mu.

Sin embargo, podemos darle algo de esperanza al lector: los mensajes importantes están registrados en un tipo de RAM; esperan una ocasión, un espacio que les permitirá ser conocidos. Pero, en fin de cuenta, en el mundo donde estamos en nuestros días, mundo de una inmensa cantidad de informaciones sin energía, la actividad en Mu está ignorada.

Todos estos comentarios indican que usar Mu para comunicar

voluntariamente – el sueño de las FF. AA., estaría muy difícil. La Magia no está a punto de suplantar el mundo mineral en cuanto a las comunicaciones rápidas y precisas.

Lo que quiere decir que, a pesar de miles de testimonios, a pesar de su descubrimiento por la Ciencia, cuando ocurra, es improbable que se imponga la utilidad del Otro Mundo. ¿le encontraremos jamás alguna?

En 'Yoga des Sphères ', hace medio siglo, describimos todo esto razonablemente bien. No hay que repetirlo aquí.

Esta capacidad de percibir ondas en Mu explica la telepatía, y la premonición, otro aspecto de la clarividencia. En estos dominios, los obstáculos son percepción e interpretación.

Ya que logramos eventualmente percibir la existencia de señales inmateriales, señales correspondiendo a seres como nosotros, percibimos claramente que, a pesar de ser ellos extranjeros al mundo material, estos seres percibidos constituyen una población. Los investigadores, los observadores de estos dominios concluyeron que hay otro mundo, un Más-Allá.

Más-allá es una palabra mal escogida porque parece indicar que es más allá de la vida, y por eso un mundo de difuntos, lo que es solo parcialmente correcto. Diremos el Otro Mundo.

No debemos equivocarnos, los moradores de este Otro Mundo no tienen una forma material, son mensajes, informaciones. Sin embargo, tienen una identidad, una individualidad.

No hay forma de salvarnos, tenemos que hundirnos un poco más profundo aún en la descripción de este Otro Mundo y de sus moradores. Debemos enseñar que el Modelo B explica todo esto, y que esta parte del texto es más que una repetición ciega de las tradiciones teosóficas, esotéricas, ocultas ... tradiciones de locos y sabios, profetas, brujos y 'chamanes' drogados del pasado – todos alterados.

La forma de todo lo material, y en particular el Espíritu de cada uno está representada sin interrupción en el Otro Mundo, en Mu. Lo que significa que hay en Mu una imagen de nuestro Espíritu, que se distribuye en el universo entero como lo hace la luz de las estrellas que nos tocan después de viajar millones de años.

Cuando el Espíritu de cada uno desaparece, en su interrupción definitiva, en la muerte, la producción de imágenes cesa, pero las imágenes ya producidas continúan sus caminos. Hay una representación del Espíritu, su imagen que sigue existiendo.

Piensa en lo que acabamos de decir sobre las estrellas, es posible que algunas de ellas ya hayan desaparecido, pero seguimos recibiendo sus emisiones.

44. Almas

Esta imagen, 'libre' ahora, es el **Alma**.

Durante la vida, lo que se percibe no es directamente el Espíritu, es la imagen en Mu del Espíritu. Podemos comparar esta percepción con la vista.

Cuando miramos una casa, lo que percibimos es la imagen de la casa, no es la casa misma.

Esta imagen del Espíritu ahora callado puede ser captada y reconocida, es de la misma natura que la imagen del Espíritu vivo, una vibración de Mu.

Es por ser ambas vibraciones de Mu que Espíritu y Alma han sido confundidos, razón por la cual la mayoría de las religiones piensan que tenemos un Alma.

¿Alma?!no tenemos!

La confusión está aún más facilitada por lo que observan los que ven: al instante del deceso, la imagen del Espíritu deja de ser producida, ya no se ve más que la imagen que el Espíritu emitió justo antes de este instante fatal. Esta imagen se aleja del cadáver cuando, durante toda la vida se había mantenido en contacto.

Se dice que el Alma se eleva un poco: ¿efecto de la gravitación, de la rotación de la tierra?

Tal vez introducir algunas frases adicionales, absolutamente nada que ver con evolución, pero si con cuestiones que desconciertan los creyentes y teólogos, llevándoles a teorías confusas.

Si algo sale del cuerpo a la muerte, algo que se veía durante la vida, es que este algo existe, concluyen, pero ¿Cuándo entró esta alma en el individuo? ¿Dónde solía ser antes?

Los Hindús y las religiones derivadas de toda Asia, resolvieron el problema haciendo otra confusión, la veremos luego, y concluyendo en reencarnación.

Citamos lo que describen los varios visionarios porque esto corresponde lógicamente a las previsiones del Modelo B.

Una parte larga del Alma, como cualquier imagen se aleja de su ahora quieta fuente. Pero esta vibración está repetida por el cuerpo del individuo, los pensamientos de la gente que lo conocían, por sus obras, por los muebles de su casa y otras cosas materiales asociadas durante su vida a su persona... Y hasta por su perro.

Así que el Alma puede ser percibida localmente durante mucho tiempo.

En resumen: en el otro Mundo hay Espíritus y Almas.

En términos menos amenazantes para los ateos, Mu está agitado por ondas creadas por los Espíritus humanos durante sus vidas, y las imágenes que se mantienen después de la muerte.

Ahora ya está ¡ todo ha sido dicho!.

El investigador está satisfecho.

45. Evolución, noción de Patrón

Ahora podemos volver al principio.

La Buena Bofetada – escribimos Bon'baf por ser más corto – causó una onda en Mu antes que la formación de la materia haya empezado. Concluimos que el OTRO no entró en Oom, que no lo cruzó y que no se encuentra adentro.

Esta onda necesariamente tiene una forma, una forma tal vez muy vaga, o al contrario una forma fuertemente definida. No hay forma de saberlo.

De otro lado, vimos que toda la evolución, en sus tres fases, necesitaba la intervención de un Patrón. Esta intervención puede ser pasiva, y nuestra primera opinión es, justamente, que es pasiva.

No nos parece indispensable creer que haya un Patrón que gastaría su tiempo interviniendo en nuestros asuntos, y menos todavía cambiaría sus planes para complacernos y nuestras plegarias y suplicas. De hecho tal creencia le es totalmente herética a la mayoría de las religiones.

Patrón exterior a Oom, representado por Onda 1, Alfa.

Tenemos entonces, de un lado un Patrón que, entre los eventos creados, escoge los que le convienen, y más sencillamente los que se le parecen, y por otro lado una onda permanente repitiendo para siempre la forma del OTRO.

Por espíritu de economía, preferimos creer que hubo una sola intervención, que la onda que representa el OTRO es lo que actúa en la evolución, lo que dirige la selección. No habría más que resonancia entre esta Onda Mayor – Alfa – y los eventos que le parecen.

MEA CULPA, MEA CULPA, MEA MÁXIMA CULPA.

Por ateísmo o agnosticismo o cienciatismo abrazamos, escogimos la idea que la creación se hizo por una sucesión de eventos accidentales, al azar, hechos seleccionados luego por resonancia.

Llegamos a la idea que una onda propaga el Patrón que es una forma parcial del OTRO, pero evitamos cuidadosamente una conclusión realmente inevitable.

Ya que Alfa pasa en Oom antes del principio de las creaciones propiamente dichas, y ya que Alfa soporta el Patrón, una forma definida, se puede entender que el Ga está informado, deformado por esta forma, este Patrón, lo que seguramente tiene un efecto sobre la formación o no, en algún lugar de una forma correcta.

En otras palabras, es posible que una parte de la creación haya tomado lugar aleatoriamente, pero es lógico pensar que una parte fue hecha por influencia directa del Patrón sobre Ga, facilitando o hasta forzando una formación directa de lo que hace falta por el 'proyecto'.

Claro que se puede también pensar que es la totalidad que se hizo por obediencia al Patrón. No es nuestra opinión pero es la de numerosas religiones.

De toda forma, esta nueva interpretación de los hechos nos permite resolver un problema mayor que cuidadosamente habíamos dejado alejado.

¿Cómo aparecieron los primeros fotones? Nos acordamos que fue en parte por efecto del Patrón sobre el RET.

Los cuantos fueron creados y ya que no tenían obstáculos en frente de ellos, se manifestaron en fotones.

Al mismo tiempo, las mancas aparecieron, objetos fueron creados, empezando sin duda por los precursores de los protones, quarks y gluones, sin olvidar los leptones, electrones y otros. Los objetos llegaron a ser obstáculos en el camino de los fotones, bloqueándoles: los cuantos tomaron por eso su segunda forma, su otro avatar, el cuanto energía, el presón.

Estos presones son la causa directa de todos los desplazamientos de objetos, cada objeto moviéndose de zonas de alta concentración de cuantos a zonas de concentración inferior. No vamos a perder tiempo en física elementaría.

O tal vez, sí, se necesita un poco.

Física

El fotón que entra en contacto con el electrón que gravita se cambia a presón.

Un objeto inmóvil está rodeado uniformemente por presones; si fotones entran en contacto con él, se cambian a presones; ahora hay una zona más rica en presones; el objeto se pone en movimiento hacia el área más pobre en presones.

Cada adición de cuantos en una u otra de sus formas se cambia a adición de presones y resulta en la aceleración de objeto entero hacia el área más pobre.

Cuando dos objetos están en presencia uno con el otro, la influencia gravitacional de cada uno se suma a la del otro, así que hay menos presones entre ambos que fuera, hay una presión relativamente negativa y por eso, acercamiento.

Fin del curso

Que esté parcial o total la influencia, se llega necesariamente a la conclusión que el Patrón es creador, y a consecuencia, que su origen, **El OTRO**, es Creador.

Digamos Mea Culpa porque no hemos sido totalmente honestos, rehusamos tanto como posible admitir que la influencia directa del Patrón es cierta. El hecho que el Patrón se difunda en el Oom entero antes del principio de la formación de los fotones indique claramente que Ga está alterado antes siquiera del principio de los objetos.

Que esta influencia haya sido proseguida hasta en los más pequeños detalles: puede ser, pero menos asegurado.

Conclusión abominablemente teísta.

Olvidémosla por ahora.

Visionarios y profetas

La mayoría de las religiones-fuentes, la religiones mayores, reconocen la presencia de un factor, un agente esencial que se encuentra en el Otro Mundo y penetra en todo lo importante imponiendo la voluntad del Creador – siempre macho –.

Ya hicimos los comentarios necesarios.

Hay que hacer un poco más en esta dirección.

- Siempre único, Impar el Creador, non.
- El Hinduismo lo representa como lingam.

No confusión posible: el lingam es el pene.

El agente siempre es femenino. Es Sakinah de los Hebreos, es el Espíritu Santo, y cuando personalizado, es la Virgen María en sus representaciones de todo-poderosa, sentada, vestida de oro, Madre presentando Jesús, Regina Angelorum.

Es la Onda que imploran los evangelistas y carismáticos católicos y otros.

Ya que el agente, Alfa, es una onda, presenta subidas y bajas, es par.

Y más complejo todavía porque Alfa es al mismo tiempo corriente de energía y mensaje.

Vamos un poco en esoterismo: el mensaje es único, impar, Non, UNO. El lugar donde se exprime es maleable y elástico: inmediatamente cuando UNO toca algo, cuando se exprime, aparecen dos caras: el mensaje exprimido es DOS.

Repetimos y subrayamos estos detalles para enseñar que los clarividentes del pasado, los Rishis de la India, y otros describieron algo muy parecido a aquel que los datos de la Ciencia le permiten a la B-cademia concebir y describir en términos modernos.

Este estudio empezó sin meta especial, los desarrollos se siguieron lógicamente: son los datos de la Ciencia que nos llevaron a este punto.

46. Patrón: harmónicas

Las cosas no se terminan totalmente todavía.

Esta onda 1 – Alfa – genera armónicas: las primeras son las del acuerdo mayor:

Do Mi Sol.

Los visionarios del principio, aquellos que acabamos de mencionar, les describieron, en general como entidades poderosas – no debemos olvidar que agitan el universo entero – y antropomorfizados son los principales arcángeles de ambas religiones abrahámicas y del Islam: Miguel, Gabriel y Rafael.

Nuestro modelo enseña que estas armónicas se formaron antes de la formación de la materia, antes de la aparición de la vida en la tierra, porque las ondas se mueven más rápido en Mu que en el RET. Y eso es exactamente lo que dicen los mitos antiguos... bastante interesante.

Pero, en términos más generales, las ondas derivadas son los Dioses de las religiones del principio. Estas antiguas creencias dejaron su sitio para otras que, copiando el mundo social imaginaron que un dios es más poderoso que los demás, como el Rey domina los Lores y el Emperador domina los Reyes.

Los Ancianos describieron la diferencia entre estas 'Fuerzas' y las fuerzas de la Naturaleza.

Las religiones llegaron entonces a proclamar que hay un Dios encima de los demás, y estos terminan reducidas al estado de Ángeles. Es el mismo proceso que , en los Hebreos y Cristianos, elevó el Dios tribal de Abraham al estatuto de Dios único y Todopoderoso.

Estas tres entidades de las religiones del Libro no son los Tres del Brahmanismo, son los arcángeles Miguel que combate, Gabriel el mensajero y Rafael que cura, el científico.

Los tres Dioses hindús son los tres Gunas: Brahma que es Tama, la substancia en la cual Brahmán se manifiesta por los Vedas, Visnú y Krisna que es Radya, la agitación del universo, la vida; Shiva es satva, la forma misma de Brahmán, forma que se manifiesta poco a poco al desarrollarse los eventos.

Las divisiones, las manifestaciones no se limitan a estos tres arcángeles. Las divisiones continúan en ondas más y más tenues, más y más numerosas.

Para las religiones abrahámicas estos son las diversas clases de ángeles , desde los más poderosos, hasta los más tenues. Al límite es la noción de ángel guardián para el cristianismo y la base de la idea de reencarnación para las religiones derivadas del hinduismo.

Ya que son ondas y que las almas también son ondas, se puede concebir que pueda haber unión, asimilación, concordancia entre un Alma y un purusa, un Alma y un ángel.

La diferencia no es más que de interpretación. Hay concordancia entre almas y ángeles, y es posible sin duda que varias almas estén en coincidencia con un mismo ángel o purusha.

Lo que no quiere decir que hay reencarnación.

Los Vedas no mencionan reencarnación. Afirman que después del deceso el individuo pasa a otro cuerpo: este otro cuerpo es el alma. Nada dice en los Vedas que esta alma, luego vuelve en el mundo material; el modelo que proponemos enseña que no es posible: los mensajes en Mu no causan la formación de objeto materiales, sino a veces, la creación, la imaginación, el sueño de una imagen en el Espíritu de algún vidente.

Se puede pensar, sin embargo, que las estatuas y otras representaciones que son, al principio, sueños del artista, visiones después de invocaciones o del uso de drogas, acercan el Espíritu del observador – acercan el Espírito del devoto en el caso de las religiones que usan estatuas e iconos – de la entidad que inspiró el artista.

¿no se usan ☺ :) para ponerle una sonrisa a la gente?

Llegamos a concluir que el más-allá, el Otro Mundo es realmente muy poblado:

> De un lado las ondas generadas en Mu que representan de cerca o de lejos el OTRO, el Patrón, el Director, todos los ángeles, y todos los demonios,
> de otro lado, las ondas representando todo lo que es material, o ha sido materia., los objetos, las ideas, los Espíritus y las Almas.

¿Por qué mencionar demonios? Porque Alfa es una onda, suba y baja, es decir que representa el OTRO, pero también su contrario.

Ya hemos visto el efecto de tal alternancia en la generación de fotones y mancas.

Hablamos más de eso en 'Cartas a Odilia'. Habla la Biblia de otro arcángel: Lúcifer.

Alfa, lo hemos dicho es Yin, es decir que presenta dos caras. Por eso insisten las religiones abrahamistas originales en adorar un Dios Eterno, fuera del universo, un dios macho.

¿pueden mujeres representar el OTRO, el macho supremo, el Yang?

Enseñarlo Sí! Sin duda. Representarlo, No!

Doctor Bruno Leclercq

Vamos a ver si la presión social ganará. El Caos puede inhibir, ocultar muchas cosas. Al final es vencido, pero mientras tanto...

El universo descrito por la Ciencia Académica no puede explicar las Almas ni la telepatía: tampoco puede explicar la electricidad, pero esa sí sabe usarla. Las Almas al contrario, ¿para qué? Y por falta de un modelo justificando esta creencia, no es más que asunto de fe.

Para el Modelo descrito por el Modelo B, Telepatía, almas y ángeles son ciertos.

Si este modelo es justo en sus grandes líneas, el Otro Mundo existe, y es lleno de entidades.

47. Universo non cíclico

Esta reflexión es una excelente estaca para pararnos algunos instantes sobre asuntos rechazados en bloque por la mente razonable del hombre moderno:

Se encontrarían entidades, ángeles, purushas en el Más Allá, pero ¿que nos importa? ¿ en que podrían servirnos?

No haremos aquí un estudio profundo sobre las prácticas religiosas ni sobre la importancia del hombre, de su destino, de la meta de su existencia. Lo haremos tal vez en otro textito. Hablemos un poco de esto en ' ¿Que diantre estamos haciendo en esta galera?

Admitiendo M, el Alma existe. ¿es eternal?

Las ondas que nos llegan desde los soles lejanos perdieron en camino una larga parte de la energía que llevaban. Lo mismo les ocurre a las Almas. Pero resuenan con sus Purushas individuales, sus ángeles guardianes, y por eso son verdaderamente eternales, probablemente imperceptibles en su mayoría por lo poco de sus intensidades.

El Espíritu de cada uno está compuesto de varias capas: al principio todos tenemos sensiblemente la misma cantidad de energía vital, pero no la usamos todos de la misma manera. Esta energía se distribuye en diversos planes de consciencia, distribución automática, alterada algo por las condiciones rodeando el individuo durante su vida, y dependiendo también de sus genes y de su desarrollo durante al embarazo.

No nos lanzaremos en los detalles. Acabamos de mencionar planes de consciencia, tema favorito de los soñadores de las Ciencias ocultas.

De hecho es muy sencillo y concreto. Las diversas etapas de evolución, les describimos; están mantenidas, representadas en nuestro sistema nervioso y especialmente para nuestro estudio, en el cerebro en donde cada una tiene sus fijaciones originales. Por ejemplo, el primer plano, la primera imagen que tenemos del individuo corresponde a la célula inicial. '!quiero vivir y más todavía, quiero comer! Esto lo tenemos todos, deseo de aire, deseo de comida. A continuación el plan 'tejido' con su principio de fraternidad, y también el del miedo y de la agresividad: todavía bastante presente, dirigiendo muchas de nuestras actividades y emociones.

Luego sin duda, la hidra, la funda con sus impulsos sexuales y la noción del destino fatal. Eso también nos motiva ¿o no? Luego los tubos, respiración, digestión, funciones generalmente silenciosas ellas también, pero que pueden agitarnos cuando les maltratamos.

Vienen luego las huellas del insecto y finalmente el cerebro tri-uno. Así que nuestro Espíritu está compuesto de al menos seis imágenes paralelas.

Estas capas han sido reconocidas en el mundo entero por las tradiciones ocultas o de desarrollo espiritual. Les llaman Cuerpos astrales, etc... los teosofistos, y cochas - mana cocha etc..- los Hindús.

Las capas tienen la importancia que acordamos a nuestra persona. La mayoría de las capas no tienen apoyo espiritual, estas capas no están soportadas localmente ni universalmente y por eso su duración es corta. Nada más quedan las capas cerca del Patrón.

El alma que sigue un Espíritu ligero, superficial, ocupado en conflictos sin importancia se reduce, se poda muy rápido. El núcleo que se queda es eterno: es en harmonía con algún ángel, pero ya no interviene en la esfera humana.

Para que el Alma llegue a su estado puro, se necesita tiempo. Es preciso que se disipen todas las fijaciones que acaparaban el Espíritu del individuo. Esta purificación toma tiempo. Los Hindús lo mencionan, los Judíos dicen que se necesita un año. Les Cristianos están en proceso de olvidar todas estas instrucciones. El catolicismo les reduce a casi nada: nosotros lo llamamos Catolaete, o escribiendo como en Ingles, Cato-lite. Y se sorprenden que la gente se alejen...

Sin embargo, algunas Almas son más poderosas que las demás por ser sus fuentes – Espíritus de individuos – en armonía con un poderoso ángel. En otras palabras este individuo había respetado y manifestado el Patrón durante su existencia, no necesariamente su vida entera, pero al menos un momento.

No es necesariamente por decisión propia. La 'Gracia' le toca a uno sin esfuerzo, es más una condena que una bendición.

Los Santos no siempre han tenido una vida de Santos. Pero tuvieron una revelación, un toque divino, a veces muy tarde en la vida.

Estos individuos son honrados y en muchas tradiciones sus tumbas están preservadas, o sus nombres, o sus imágenes. El público va en peregrinaje para acercarse de esta huella material porque así siente que se está acercando de un aspecto de la perfección. Se cree y se espera que las 'buenas vibraciones' de esta Alma, de este 'santo' ayudarán nuestro Espíritu a alinearse, a purificarse...

Algunos lo perciben realmente, conscientemente. La mayoría ¡no! Pero bastaría que se entrenen a la meditación o a la contemplación para aprovechar plenamente este aporte de orden interior y de salud.

Claro que, muy a menudo, se visitan por razones materiales: salud o riqueza, pero la única ayuda que Almas más perfectas pueden entregar es el soporte de la perfección en el Espíritu de él que ora, y eso, efecto secundario, puede mejorar la salud y las condiciones materiales.

En otras palabras, se puede esperar que una Alma, vamos a decir Santa, para usar un término aceptado, nos ayude a obtener algo que corresponde a lo que fue el centro de la vida del Santo rogado. Es muy improbable que nos ayude esta Alma en sacar la lotería, aun cuando destinemos la ganancia a buenas obras.

El Alma del Santo es, de hecho, indistinguible de uno de los poderosos Ángeles o Purushas.

Las almas se liberan de sus diversas capas, dijimos, a medida que las tensiones encontradas en ellas se disipan por no ser muy fuertes. El caso de los Santos es algo distinto. Ellos, se supone, han tenido una motivación fuerte de resolver algún problema social. Esta motivación no se disipe por encontrar en el mundo humano razones para seguir luchando. Así que el Alma del Santo no sigue avanzando hacia su libertad, su unión con el ideal, sino que sigue participando en la mejora del ser humano.

Parece una broma: por ser perfecto o casi perfecto, el Santo no puede entrar en el paraíso, justo como a Moisés no le fue permitido entrar en la tierra prometida.

El caso más conocido, y nuestra descripción no corresponde totalmente a las enseñanzas comunes, el caso más reconocido y conocido es aquel de Jesús que solía ser humano, y como tal, un Espíritu, algo material, concreto. Su Espíritu copiaba de cerca uno de los aspectos del Patrón.

Después de la muerte, cuando su Alma fue liberada de sus capas superficiales - se necesitan unos días para que el Alma se olvide de las preguntas básicas : ¿Qué hay de comer, donde están mis llaves? Acabamos de decir que las religiones serias lo reconocen y hacen una ceremonia especial algunos días después del fallecimiento, cuando el Alma ha entendido adonde ha llegado, entendido que está fuera del mundo material, cuando su Alma se fue lavada de lo cotidiano (al tercer día), su Alma se alejó de su cuerpo, salió de la tumba.

Siguiendo su purificación, eliminando más capas superficiales entró en relación estrecha con el Ángel que había manifestado por sus palabras, actos y pensamientos. Se unió por resonancia a un aspecto importante en Alfa, se cambió en un aspecto del Patrón, el aspecto Gabriel.

Cuando el lazo fue perfectamente claro – se necesitan algunas semanas para llegar a este punto, - los esoterismos todos se lo dirán – esta Alma se manifestó a sus amigos, los Apósteles, y a su Madre, en la Ascensión; y después de una Novena en la Pentecostés – cincuenta días – (siete domingos después de la resurrección).

Este lapso de tiempo también está reconocido por las grandes tradiciones religiosas y ocultas.

A este punto su alma había sido totalmente asimilada a un aspecto principal del Patrón, al Arcángel Gabriel. Se puede decir que ahora Jesús era Dios.

No tratábamos de cambiar este texto en una apología de las religiones, pero a veces uno no hace lo planeado.

Volvemos al concreto para finalizar.

La Ciencia no ha resuelto la cuestión y no sabe decirnos si el universo es un fenómeno único, o al contrario un fenómeno cíclico.

Para nuestro modelo, la pregunta no existe.

Al principio energía cinética se manifiesta primero en fotones y Mancas. El Universo ahora está totalmente caótico.

De una etapa a la siguiente, crece el número de formas y de eventos.

Formas y eventos están manifestados en el universo por fotones y objetos. Progresivamente crece el número de mensajes. Los mensajes son aspectos de la energía así que, cuando la materia haya desaparecido totalmente por desintegración, que la agitación se haya calmado, todavía se quedará y para siempre, en Oom, la memoria de todo lo que ocurrió, al menos de lo que ha sido escogido, seleccionado, la memoria de todas las formas que ha escogido el Patrón, su forma.

La energía del principio era caótica, al final será perfectamente organizada.

El Patrón será manifestado: lo será en una forma dinámica, haces de fotones repitiendo todos sus aspectos, tal vez para la eternidad, o lo será en una forma sólida, un enorme 'Hueso' Negro. Se puede decir que esta nueva onda o nueva forma que copiara de muy cerca la onda Alfa será el final, a consecuencia el Omega.

¿Había forma de evitar de decir esto?

Ir de Alfa a Omega, ¿es esto la meta de la Creación? ¿ lo hizo intencionalmente el Patrón?

La vida consiste en tomar materiales para aumentar la materialización de nuestra persona. Se parece a la relación entre el Patrón y el Universo.

Toda esta historia de creación-evolución del contenido de Oom parece indicar una forma de vida.

Hummmm

En '¿Que diablos estamos haciendo en esta galera?...' nos preguntamos lo mismo y llegamos un poco más adelante.

Vamos a repetir por los que no lo leyeron.

Ya que todo lo creado es una representación total o parcial del Patrón, el pensamiento, la facultad de crear, facultad que aparece en la tercera etapa, la facultad de pensar y así crear viene ella también, directamente de este mismo Patrón.

Haremos de nuevo eco a Descartes, con un poco de alteración como lo hicimos un poco antes:

Pienso y por eso Es.

El hecho que pienso es la prueba que el Patrón es un ser viviente que crea y piensa.

Cogito ergo Est.

Si la materia adquirió la facultad de crear es que esta facultad es del Patrón: el Patrón sería un Creador, por intervención directa e intervención indirecta. Directa con Alfa trazando su imagen en Mu, en precursor de creaciones, indirecta por selección por resonancia.

Por otro camino habíamos llegado a esta conclusión hace algunas páginas.

Si la materia adquirió la facultad de pensar es que esta facultad se encuentra en el Patrón: el Patrón piensa.

La creación ¿la deseó? ¿la hizo intencionalmente?

Lo que decimos sobre el origen del pensamiento, su origen afuera de la Creación, su origen en el Patrón vale también por la facultad de crear: entonces, ¿ si creamos, es porque el Patrón crea?

Pero el Patrón no es más que una imagen en Ga del OTRO, de él que introdujo la energía en Oom, que sacudió, despertó Ga:

> ¿El origen del pensamiento, el origen de la capacidad y voluntad de crear estaría en el OTRO?

¿Deseó hacerse un niño?

Y a un nivel más modesto: la vida individual ¿tendría alguna función? ¿estaría el hombre para participar a la representación del Patrón, Patrón que es un avatar del OTRO? Activamente o pasivamente.

Y para calmar algo la rabia existencial del ateo: en lugar de ver en esta historia del Mundo la creación abominable y cruel de seres que piensan, condenados a morir, se puede ver en eso la creación de almas eternas, sus hijos.

Creo ergo cret

Yo creo enseña que Él crea

¿es consciente? Y tantas preguntas otras….

¿está probada la existencia de A? No . Para el modelo B es solamente más probable que su ausencia.

48. Kein Stein

Estas especulaciones de los últimos capítulos nos alejan de la física, del concreto.

Nos hace pensar que, tal vez, las filosofías y religiones de Asia tienen la razón y que nada existe, que todo es sueño.

Kein Stein es una expresión alemana que quiere decir 'ni una piedra'. Eso describe bien nuestra conclusión: no existen objetos concretos.

Pero los fenómenos tienen una realidad, son una representación que altera la circulación de la energía. Detrás de estas representaciones hay lo real.

Eso lo llamemos el '**vrai**'. Vrai es una palabra francesa que quiere decir verdadero, real, en oposición con ilusorio, mentiroso, falso.

¿Qué hay de Vrai?

El Espacio absoluto lo es, así como Oom y el OTRO.

También son Vrais el Tiempo y la energía.

Adentro de Oom son Vrais el Ga y sus componentes, todos: Mu, RET y sus gránulos. Y de los gránulos también son Vrais sus paredes y sus contenidos. Paredes y contenidos que tienen sus propiedades que también son Vrais.

También son Vrais las leyes de la física y las de la biología; sin duda las leyes de la creatividad.

Ya que la evolución existe, ocurre, tenemos que aceptar la existencia de leyes que la dirigen, leyes Vrais, permanentes también, les hemos llamado Eros o Patrón, imágenes tal vez del OTRO. Tampoco se puede olvidar la influencia de Tánatos, la fuerza de fijación.

Al final de la evolución, probablemente, el Oom estará ocupado por un Hueso Negro.

Este Hueso Negro en estos días será la representación permanente, bastante concreta del Patrón.

La más común opinión hindú afirma que todo es cíclico.

Un ciclo es un Kalpa. Una visión dice que al principio de un Kalpa entra en nuestro universo un 'hombre', un Purusha, un modelo se podría decir. A partir de este modelo aparecen todas las criaturas. Al final del ciclo no se queda más que un solo 'hombre', Purusha y el ciclo está listo para volver.

Eso se ve bastante como la descripción de nuestro universo.

Al Principio nada, Oom vacío.

Con BB entra el Patrón.

La creación ocurre, muchas formas aparecen, pero al final

todo se fija en un solo Hueso Negro que representa el Purusha del principio.

Y todo estaría listo para volver a ocurrir, otro Kalpa.

Tantas prolongaciones esperan este texto, muchas ya representadas en el Espíritu de este autor.

Esperarán…

49. Post Scriptum

Antes de la era del tratamiento de texto por computadoras, cuando una carta se había terminada, a veces el autor se daba cuenta que había que introducir algo más, pero, ¿Dónde? No había 'corta pega'.

Entonces para no volver a escribir la carta entera, se escribía, después de la firma, las letras P.S. que quiere decir Post Scriptum : después de lo escrito, como introducción al suplemento.

Aquí, después de terminar el texto, nos dimos cuenta que hace falta indicar dudas. Nuestra descripción no es más que un sueño, hay que evitar que se vea como dogma.

En el Modelo B se queda un problema mayor: ¿ cómo pasa el cuanto de un gránulo al siguiente? Ya que hemos cuestionado lo postulados básicos de la Ciencia y ya que no tenemos ninguna autoridad establecida que respetar, ¿Por qué no someter nuestros postulados al mismo tipo de sospecha?

Los dos mayores postulados nuestros son lo del universo contenido en un 'recipiente' fijo, Oom, y el postulado que nada se mueve.

Lo del volumen fijo resuelve muchos misterios que la Ciencia ni siquiera investiga: formación de fotones, existencia y formación de mancas, causa de la gravitación, influencia de la desintegración universal, materia negra.

Entonces, seguimos sin cuestionar este primer postulado nuestro.

En cuanto al otro, la existencia y la inmovilidad de los gránulos, ¿porque no asumir que sí existen los gránulos, pero que se mueven en el espacio.

Ya que el espacio está lleno de Mu, un tipo de líquido, es decir algo incompresible, cambios de presión interna de gránulos libres se comunicarían de uno al otro, de la misma manera que en nuestra descripción.

Con esto casi todo lo que hemos descrito con gránulos fijos sigue válido.

La principal diferencia estaría que ahora tendríamos formación de partículas sólidas en el sentido común, materia, objetos concretos.

No entraremos en los detalles. Lo importante es ver que tal vez el principio Kein Stein no corresponde a la realidad: ¡sí! Tendríamos la misma materia que nuestro sentido común y la Ciencia nos enseñan.

Pero aparece un nuevo problema mayor:

¿qué de la velocidad de la luz?

En el modelo B la velocidad de la luz es la velocidad de una ola concreta circulando adentro de los gránulos.

Si los gránulos se mueven ¿ porqué andarían con la velocidad de la luz?

No cuestionaremos la existencia de los gránulos que facilitan entender que la energía del fotón no se dispersa, que facilita entender las mancas y la gravitación universal, así como el comportamiento de la fuerza S.

Gránulos que además nos entregan una justificación mecánica del efecto del tiempo descrito por Einstein.

Así que abandonaremos, dejando cuestiones sin resolver, sin quisiera investigar.

El lector decidirá si los gránulos se mueven o no. Se quedan entonces muchos misterios para los científicos.

EL AUTOR

Médico, M.B.A., sicólogo.

Mucho yoga, mucho aikido, algo de acupuntura, mucha medicación, muchas experiencias, algunas publicadas, sobre el cerebro, libros sobre la meditación, sobre el universo, todos textos preparando el terreno para finalmente llegar al modelo B.
Prácticamente no vida social aparte de los grupos de deporte, yoga y aikido.
Es decir, ejemplo típico del alterado.

www.ingramcontent.com/pod-product-compliance
Lightning Source LLC
Chambersburg PA
CBHW070316190526
45169CB00005B/1643